EINSTEININ ENSIMMÄINEN VIRHE AIKAVÄLI

Einsteinin ensimmäinen virhe Aikaväli

Evgeni Bantutov

ЕДБ

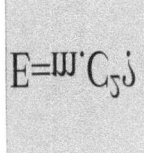

Copyright © 2022 Evgeni Bantutov

All rights reserved

The characters and events portrayed in this book are fictitious. Any similarity to real persons, living or dead, is coincidental and not intended by the author.

No part of this book may be reproduced, or stored in a retrieval system, or transmitted in any form or by any means, electronic, mechanical, photocopying, recording, or otherwise, without express written permission of the publisher.

Cover design by: ЕДБ

CONTENTS

Title Page
Copyright
1. Esipuhe   1
2. Johdanto   2
3. Ongelman kuvaus   3
4. Ratkaisu ongelmaan   53
5. Analyysi 02.02.2022.   59
6 Analyysi 22022022   64
7. Määritelmäympäristö   66
8. Selitykset määritelmäympäristöön.   67
9. Johtopäätös   73

1. ESIPUHE

Tämä kirja on nimeltään Einsteinin ensimmäinen virhe. Se on suunniteltu toiseksi painokseksi ja laajennetuksi versioksi kirjasta "Einsteinin virhe". Päätekstiä on muokattu ja lisätty kolme uutta lukua.

2. JOHDANTO

Erityisen suhteellisuusteorian loi Albert Einstein. Se on teoria ajasta, avaruudesta ja liikkeestä.

Luodessaan erityistä suhteellisuusteoriaa Einstein käytti kelloja, jotka mittaavat aikaa.

Näiden kellojen on toimittava synkronisesti. Jotta ne toimisivat synkronisesti, ne on synkronoitava etukäteen. Kellojen synkronointi tehdään aina menetelmällä, jolla varmistetaan kellojen synkroninen toiminta.

Albert Einsteinin käyttämä menetelmä on mahdoton. Kun Albert Einsteinin menetelmä on mahdoton, on myös erikoissuhteellisuusteoria mahdotonta.

Tämän näytämme tässä kirjassa.

Kirjassa on monia hahmoja. Kuvien avulla on helppo näyttää ja selittää Albert Einsteinin menetelmä a kellojen synkronisen toiminnan tarkistamiseksi.

Kun on lukuja, lukijat, joilla ei ole erityistä fysiikan koulutusta, ymmärtävät heti, mikä Albert Einsteinin virhe oli.

Kirja on tehty aivan tarkoituksella ihmisille, jotka eivät ole fysiikan asiantuntijoita, mutta jotka haluavat ajatella, analysoida ja etsiä vastauksia mielenkiintoisiin fyysisiin kysymyksiin ja luonnonmysteereihin.

3. ONGELMAN KUVAUS

Vuonna 1905 artikkeli " Zur elek $_t$ rodynamik liikkuja Kö rper " Annalen _ der Physik 1905 17, 891-921).
Kirjoittaja on hyvin nuori, ja hänen nimensä on Albert Einstein. Tämän artikkelin jälkeen hänestä tuli maailmankuulu tutkija.
Artikkeli koostuu johdannosta, kahdesta osasta ja kymmenestä kappaleesta. Tärkeimmät asiat sanotaan artikkelin kolmella ensimmäisellä sivulla. Näillä muutamilla sivuilla esitetään ajatuksia, jotka muodostavat erityissuhteellisuusteorian perustan. Näitä ajatuksia arvostellaan vakavasti ja niitä voidaan vastustaa.
Suurin vastalause on Albert Einsteinin menetelmää kellojen synkronoinnissa.
Tässä on mitä Einstein sanoo:

Jos kello sijaitsee jossakin pisteessä avaruudessa, niin klo:ssa sijaitseva tarkkailija A voi määrittää tapahtumien ajan suoraan klo A. Kysymällä kellon osoittimien asennon samanaikaisuutta näiden tapahtumien kanssa. Jos jossakin muussa avaruuden pisteessä B on myös kello, - voimme lisätä, "kello, jolla on täsmälleen sama laite kuin A, - niin on edelleen mahdollista määrittää välittömässä läheisyydessä tapahtuvien tapahtumien aika, yksi, joka sijaitsee B tarkkailijassa.
Ilman lisäoletusta ei kuitenkaan ole mahdollista verrata ajallisesti tapahtumaa vuonna A, tapahtumaan vuonna B;

tähän mennessä olemme määritelleet "aika A" ja "aika B", mutta emme yleisiä, varten A ja B "aika".

Voimme tehdä jälkimmäisen olettamalla määritelmän mukaan, että aika, joka kuluu valon saavuttamiseen paikasta A paikkaan, B on yhtä suuri kuin aika, joka kuluu päästäkseen paikasta B kohteeseen A. Olkoon se tarkalleen hetkessä t_A suhteessa aikaan A, valonsäde suunnataan paikasta A kohteeseen B, hetkessä t_B suhteessa aikaan B, se heijastuu kohteesta B kohteeseen A ja hetkessä t'_A suhteessa "aikaan A" se palaa takaisin kohtaan A. Määritelmän mukaan kaksi kelloa synkronoidaan, jos:

$$t_B - t_A = t'_A - t_B$$

Tämä on teksti, jossa Albert Einstein näyttää menetelmänsä synkronoida kaksi kelloa ja osoittaa, että nämä kaksi kelloa toimivat synkronoinnissa. Einsteinin menetelmä on helppo selittää ja ymmärtää numeerisen esimerkin avulla.

Esimerkiksi tarkkailija A lähettää valopulssin kello kahdeksan aamulla. Kello kahdeksan on hetki ajassa t_A.

$$t_A = 8$$

Jos kaksi kelloa on synkronoitu, myös tarkkailijan kellon B tulee näyttää kahdeksaa.

Valopulssin alku saapuu pisteeseen B ja sitten pisteessä sijaitsevan havainnoitsijan kello B näyttää kymmentä. Kello kymmenen on hetken aikaa t_B

$$t_B = 10$$

Jos kaksi kelloa on synkronoitu, myös tarkkailijan kellon A tulee näyttää kymmentä.

Säde heijastuu pisteestä B ja palaa tarkkailijalle A kello kaksitoista. Kello kaksitoista on hetken aikaa t'_A.

$$t'_A = 12$$

Jos kaksi kelloa on synkronoitu, kellon pisteessä B pitäisi myös näyttää kaksitoista.

Valopulssi kulkee etäisyyden kohteesta A - B kahdessa tunnissa ja kulkee päinvastaisen matkan välillä B - A, jälleen kahdessa tunnissa.

Einsteinin määritelmän mukaan kaksi kelloa synkronoidaan, jos:

$$t_B - t_A = t'_A - t_B$$

Einsteinin kaavassa korvaamme ajan hetket niiden numeerisilla arvoilla ja saamme lausekkeen:

10-8 = 12-10

Se saadaan:

2 = 2.

Tasa-arvo on totta, joten kellot synkronoidaan. Kaikki on hyvin yksinkertaista ja lukija on vakuuttunut siitä, että kaikki kommentit ovat tarpeettomia.

Valitettavasti tämä ei ole totta.

Nyt sinä ja minä, hyvä lukija, analysoimme huolellisesti Albert Einsteinin menetelmää.

Albert Einstein sanoo seuraavaa:

Olkoon t_A valonsäde suunnattu A nimenomaan hetkellä B suhteessa "aikaan", A hetkessä t_B suhteessa "aikaan" B ", se heijastuu hetkestä " B aikaan " A ja hetkenä t'_A "aikaan A " nähden se palaa takaisin A.

Sanomasta seuraa, että kun säde saapuu pisteeseen B, sen täytyy heijastua pisteestä B ja alkaa liikkua vastakkaiseen suuntaan pisteeseen A. Albert Einstein ei selittänyt kuinka valonsäde heijastuu. Einstein ei osoittanut erityistä tapaa, jolla valo heijastuisi ja alkaisi liikkua pisteestä B toiseen A.

Me kaikki tiedämme, että helpoin tapa heijastaa valoa on peilin läpi.

Esimerkiksi G. B. Malininin artikkelissa ("Suhteellisuusteorian toisen postulaatin kokeellisen testauksen mahdollisuuksista" Uspekhi fiziziknih Nauk, 2004, osa 174.) kirjoitetaan, että valon heijastuksen suorittaa peili.

Siksi päätämme myös käyttää peiliä. Tätä tarkoitusta varten asetamme peilin kohtaan B. Peilin heijastava pinta on suunnattu pisteeseen A.

Selvittääksesi asian, katso kuva 1.

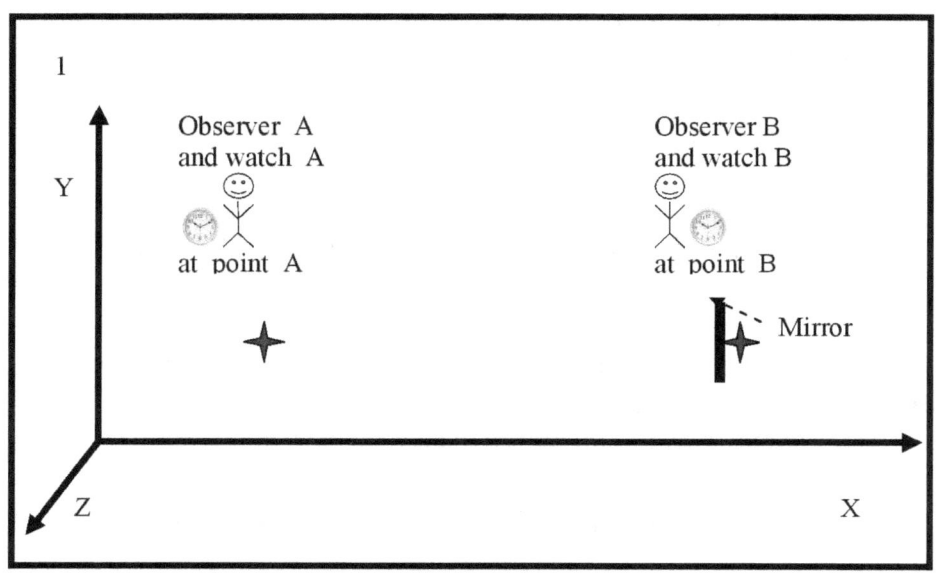

Kuva 1 näyttää:

Koordinaattijärjestelmä XYZ.

Piste, A jossa on tarkkailija A, jolla on kello A.

Piste, B jossa on tarkkailija B, jolla on kello B. Pisteen eteen asetetaan peili B, joka voi heijastaa valonsäteen.

Piste A ja piste B on merkitty symbolilla " ✦ ".

ja pisteillä olevat B kellot A ovat samat. Kun kellot ovat samat, oletetaan niiden mittaavan samaa aikaa.

Tarkkailija A ei tiedä kuinka tarkkailijan kellon osoittimet liikkuvat B.

Toisaalta tarkkailija B ei tiedä kuinka tarkkailijan kellon osoittimet liikkuvat A. Kellot on synkronoitava.

EINSTEININ ENSIMMÄINEN VIRHE

Albert Einstein ehdotti kahden kellon osoittimien liikkeen synkronointia valonsäteen avulla. Albert Einsteinin menetelmä sanoo, että havainnoija A lähettää valonsäteen tarkkailijalle B. Laseria voidaan käyttää.
Katso kuva 2.

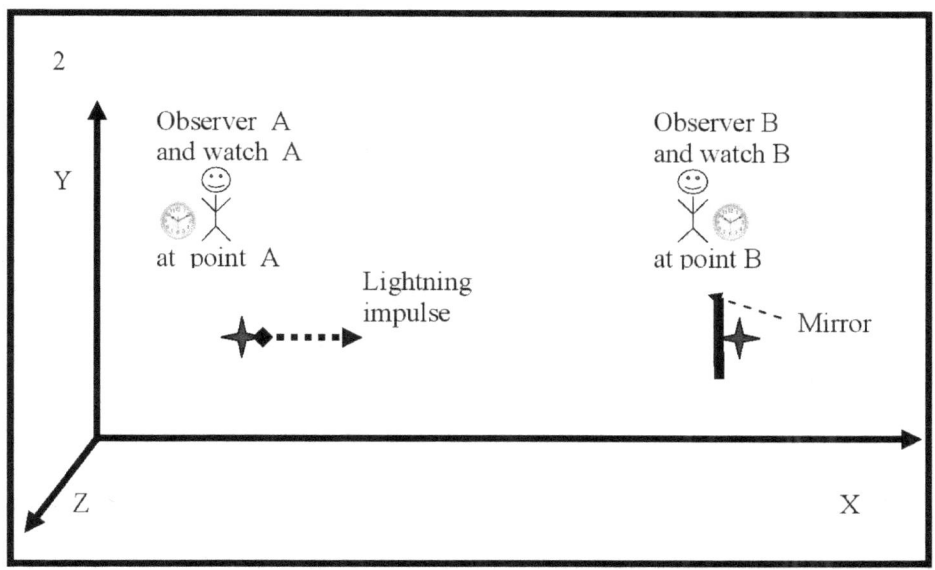

Kuvassa 2 on laservalopulssi.

Valopulssilla on alku ja loppu. Valopulssin alun ilmaantuminen on tapahtumatapahtuma, joka tapahtuu tietyllä hetkellä t_A. Tarkkailija A määrittää ajan hetken t_A kellollaan, joka sijaitsee pisteen välittömässä läheisyydessä A. Tarkkailija jossain pisteessä A muistaa, että tapahtuma "valopulssin alun ilmestyminen" tapahtui tiettynä ajankohtana t_A.

Valopulssi alkaa liikkua kohti tarkkailijaa, joka sijaitsee pisteessä B.
Katso kuva 3.

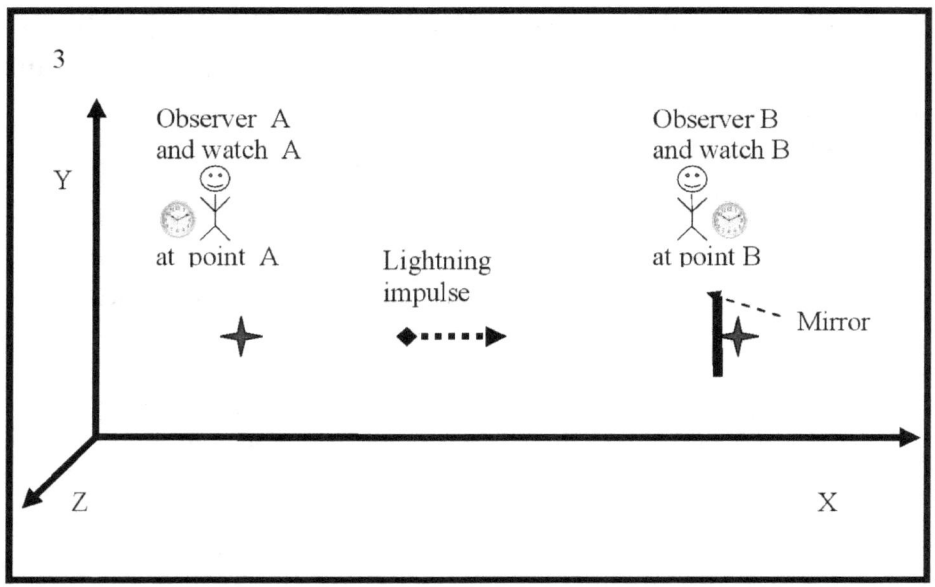

Kuvasta 3 näkyy, että valopulssi on jossain pisteen A ja pisteen välissä B.

Pisteessä oleva tarkkailija A ei voi tarkkailla valonsäteen liikettä. Mutta pisteessä oleva havainnoija A tietää (sillä on tietoa), että valonsäde liikkuu kohti pisteessä olevaa havainnoijaa B ja että valonsäde heijastuu peilistä (joka sijaitsee pisteessä B) ja palaa takaisin osoittaa A.

Pisteessä oleva tarkkailija tarkkailee A tarkasti kellonsa lukemia ja odottaa valonsäteen paluuta takaisin pisteeseen A.

Valopulssi saapuu pisteeseen B.

Katso kuva 4.

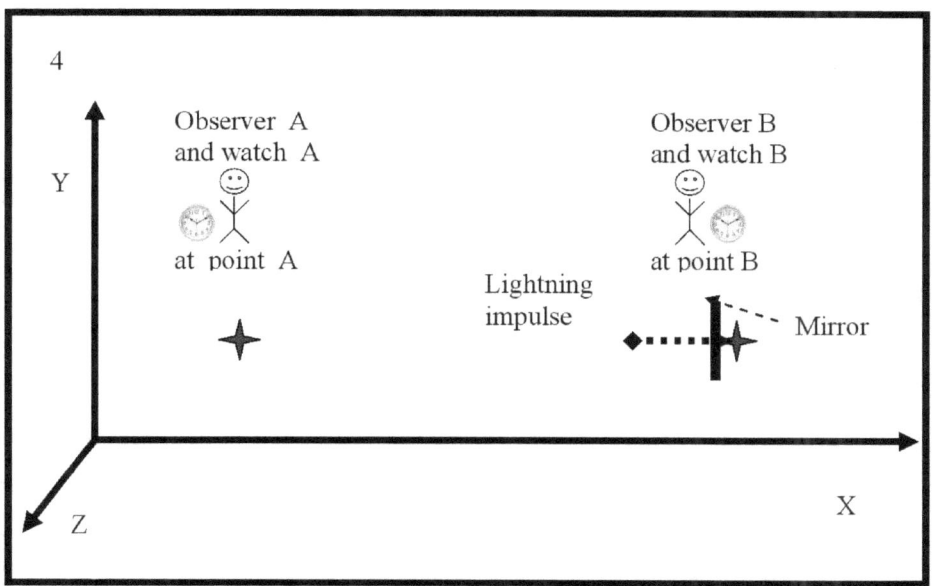

Kuvassa 4 näkyy, että havainnoija jossakin pisteessä B huomaa valopulssin saapumisen ja näkee sen heijastuneena peilistä. Valosäteen saapuminen johonkin pisteeseen B ja valonsäteen heijastuminen peilistä ovat kaksi tapahtumaa, jotka tapahtuvat samalla hetkellä t_B.

Katso kuva 5.

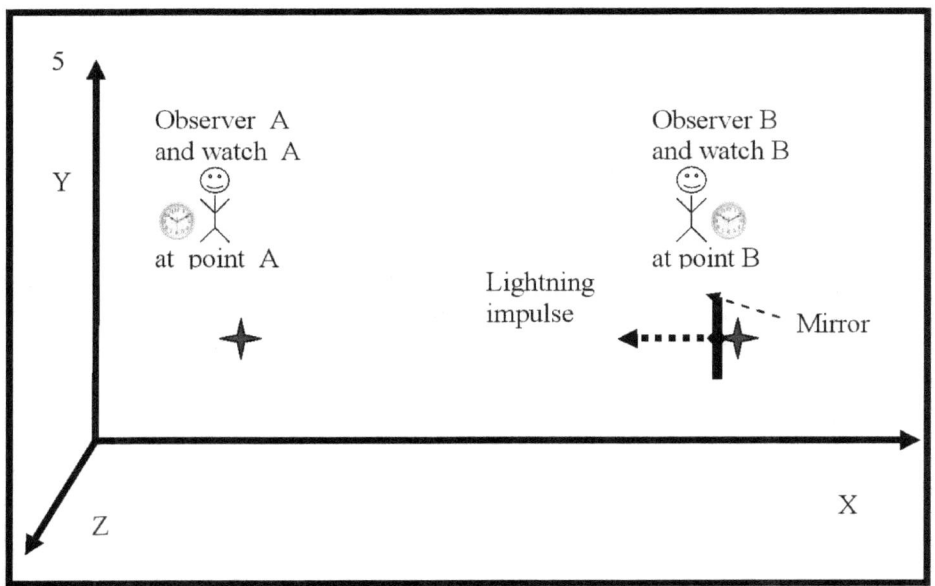

Kuvassa 5 on esitetty valopulssin saapuminen ja heijastus. Tarkkailija jossakin pisteessä B huomaa, että nämä kaksi tapahtumaa, saapuminen ja heijastus, tapahtuvat samassa ajanhetkessä t_B. Ajanhetki t_B, tallennetaan kellon osoittimien lukemilla, pisteessä B. Pisteessä oleva tarkkailija B muistaa, että valonsäteen saapuminen ja heijastuminen tapahtuu tietyllä hetkellä t_B.

Valopulssi heijastuu peilistä ja kulkee takaisin kohtaan, A jossa tarkkailija sijaitsee A.

Katso kuva 6.

EINSTEININ ENSIMMÄINEN VIRHE

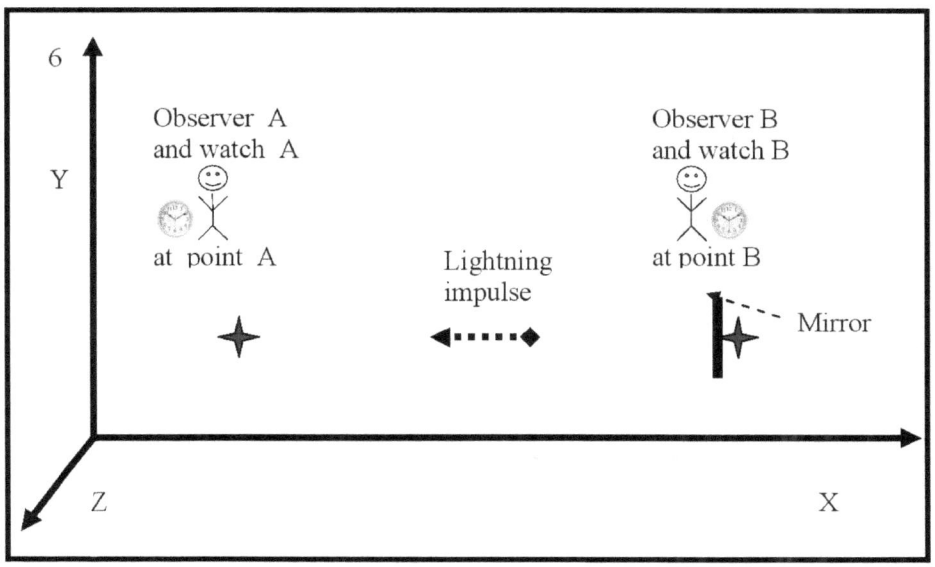

Kuvasta 6 näkyy, että valopulssi sijaitsee jossain pisteen A ja pisteen välissä B. Tarkkailija pisteessä A ja tarkkailija pisteessä B ei voi tarkkailla valopulssin liikettä, mutta he tietävät, että pulssi liikkuu pisteestä B pisteeseen A

Valopulssi saapuu pisteeseen A.

Katso kuva 7.

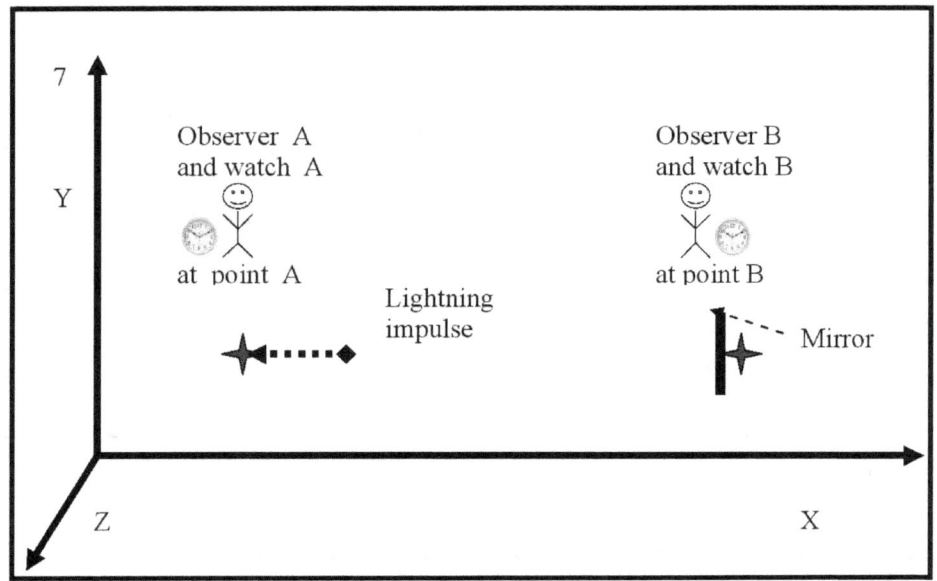

Kuva 7 osoittaa, että pulssin saapuminen pisteeseen A, on tapahtuva tapahtuma. Kohdassa oleva tarkkailija A toteaa, että valopulssin saapuminen tapahtuu tietyllä hetkellä t'_A. Ajan hetken mittaus t'_A suoritetaan pisteessä sijaitsevan kellon lukemilla A. Tarkkailija jossakin pisteessä A muistaa ajanhetken t'_A, koska ajanhetki t'_A on tarpeen kahden kellon synkronoimiseksi.

Ajatuskokeen suorittamisen jälkeen ilmenee neljä tärkeää tulosta.

Ensimmäinen tärkeä tulos:

Pisteessä oleva tarkkailija A tietää **sen** ajan numeerisen arvon, t_A jolloin valopulssi lähti pisteestä A, ja **tietää** sen ajan numeerisen arvon, t'_A jolloin valopulssi palasi pisteeseen A.

Toinen tärkeä tulos:

Pisteessä oleva tarkkailija A ei **tiedä** sen ajan hetken numeerista arvoa, t_B jolloin valopulssi saapui pisteeseen B.

Kolmas tärkeä tulos:

Tarkkailija paikalla B **tietää**, että valopulssi on saapunut B

kellon tallentaman B ajankohdan pisteeseen t_B.

Neljäs tärkeä tulos:

Pisteessä oleva havainnoija B ei **tiedä** sen ajan hetken numeerista arvoa, t_A jolloin valopulssi lähti pisteestä A, eikä **hän tiedä** sen ajan hetken numeerista arvoa, t'_A jolloin valopulssi palasi pisteeseen A.

Jotta kaksi kelloa synkronoidaan, ehdon on täytyttävä:

$$t_B - t_A = t'_A - t_B$$

Matemaattisen lausekkeen kirjoittamista varten vähintään toisen kahdesta havainnoijasta, joko pisteessä sijaitsevan A tai pisteessä sijaitsevan havainnajan B, on **tiedettävä kolme numeerista arvoa** ajanhetkellä t_A, t_B ja t'_A.

Valitettavasti kumpikaan kahdesta tarkkailijasta, joista ensimmäinen sijaitsee pisteessä A ja toinen kohdassa B, ei **tiedä kolmea** ajanhetkien numeerista t_A arvoa t_B ja t'_A.

Katso kuva 8.

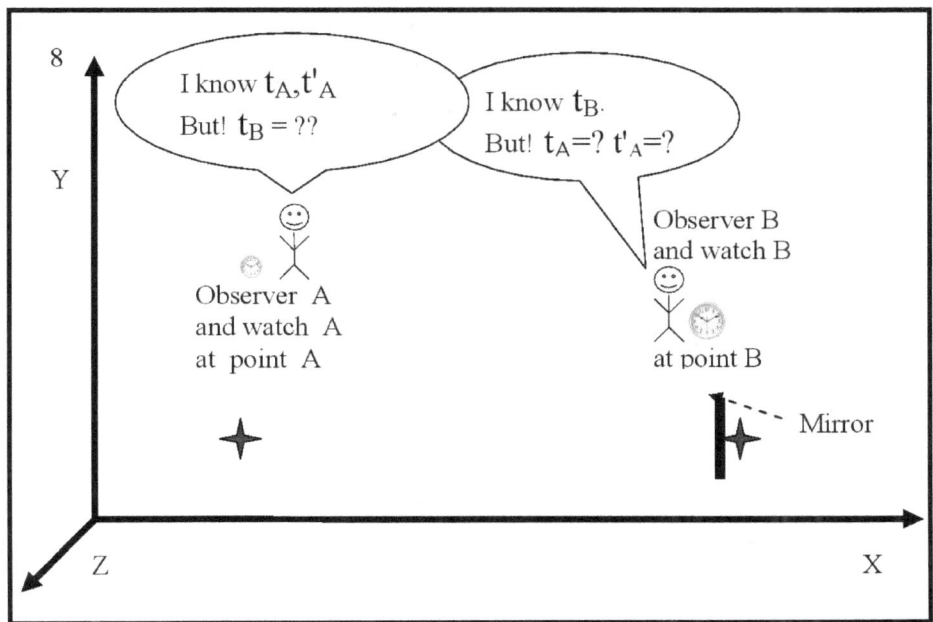

Kuva 8 osoittaa, että silloin yksikään havainnojista, joista ensimmäinen sijaitsee pisteessä A ja toinen pisteessä B, ei voi kirjoittaa matemaattista lauseketta

$$t_B - t_A = t'_A - t_B$$

jolla aikavälit määräytyvät.

Koska matemaattista lauseketta ei voida kirjoittaa, tästä seuraa, että tarkkailijat eivät voi laskea kahta aikaväliä. Jos tarkkailijat eivät pysty laskemaan kahta aikaväliä, he eivät voi synkronoida kahta kelloa.

Teimme analyysin, ja analyysin tulos on, että Albert Einstein teki hirveän virheen ja hänen menetelmänsä kahden kellon synkronisen toiminnan osoittamisessa oli väärä.

Herää kysymys, tekikö Albert Einstein todella virheen? Ehkä olemme analyysissämme sekoittaneet jotain?

Analyysimme ja tekemämme johtopäätöksemme ovat oikeat. Jos Albert Einsteinin menetelmässä käytettiin peiliä valopulssin heijastamiseen, kelloja ei voitu synkronoida.

Ongelmana on, että Albert Einstein ei selittänyt yksityiskohtaisesti, yksityiskohtaisesti, kuinka henkinen kokeilu. Yksityiskohdat ovat erittäin tärkeitä ajatuskokeilua suoritettaessa, mutta valitettavasti Albert Einstein ei kiinnittänyt huomiota tähän tosiasiaan.

Tässä tilanteessa meidän on mietittävä ja harkittava, mitä Albert Einstein halusi sanoa. Kun ymmärrämme Albert Einsteinin idean, meidän on muutettava tapaa, tapaa synkronoida kaksi kelloa, ja analysoida tulokset uudelleen.

Olemme jo ymmärtäneet, että pisteessä oleva havainnoija A tietää t_A, ja t'_A, mutta ei tiedä ajan hetkeä t_B, eikä voi laskea kahta aikaväliä ja osoittaa, että ne ovat yhtä suuret.

Herää kysymys: kuinka A pisteen havainnoija ymmärtää hetken numeerisen arvon t_B?

Tarkkailija voi ymmärtää pisteessä A sijaitsevan kellon B veme-momentin numeerisen arvon t_B tarkkailemalla suoraan pisteessä sijaitsevan kellon kasvoja B. Ehkä se oli Albert Einsteinin idea? Jos näin on, niin tarkkailijalta tarkkailijalle B lähettämän valonsäteen A tulee valaista pisteessä B olevaa kellotaulua ja heijastua kellotaulusta B. Kellon kasvolta heijastuva valo B palaa tarkkailijalle A ja tarkkailija A näkee kellon osoittimet B. Sitten siinä kohdassa B ei saa olla peiliä. Tarkkailijan kello tulee asettaa peilin tilalle B.

Nyt näytämme useiden kuvien kautta yksityiskohtaisesti ja yksityiskohtaisesti, askel askeleelta uuden ajatuskokeen olemuksen.

Katso kuva 9.

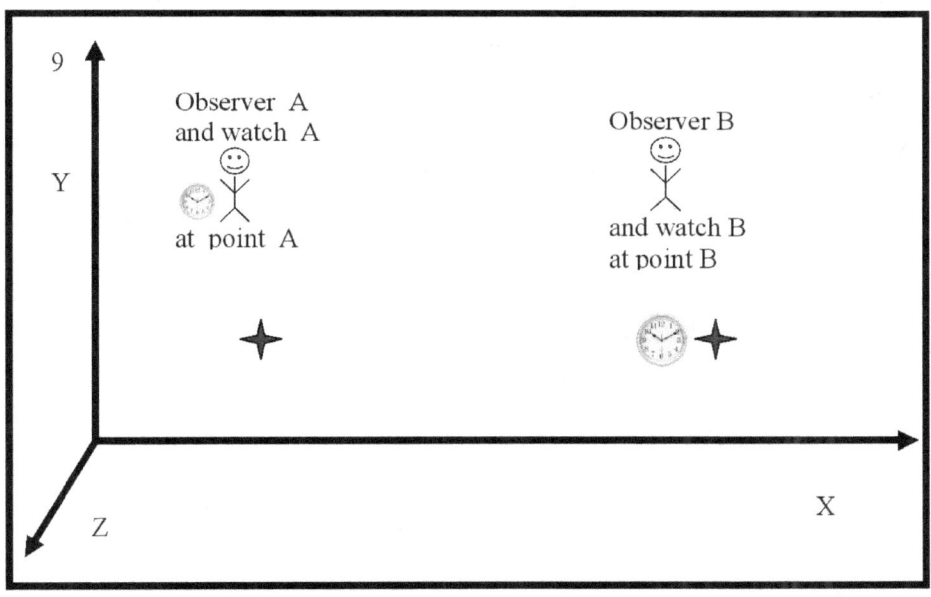

Kuvassa 9 on esitetty kaksi tarkkailijaa. Ensimmäinen tarkkailija sijaitsee pisteen välittömässä läheisyydessä A. Tarkkailijan vieressä on kello A. Toinen tarkkailija sijaitsee pisteen välittömässä läheisyydessä B. Tarkkailijan B kello sijaitsee pisteen edessä B. Tarkkailijan B kello sijaitsee peilin paikalla. Kellon kasvot B on suunnattu tarkkailijaa kohti A. Kun kellon kellotaulu B on suunnattu johonkin pisteeseen A, valopulssi valaisee kellotaulun ja heijastuu takaisin tarkkailijaan

A.

Uusi kokeilu suoritetaan eri tavalla. Aloitusolosuhteet ovat erilaiset. Suurin ero on, että pisteessä sijaitsevan tarkkailijan A täytyy nähdä pisteeseen asetettavan kellon osoittimien sijainti B. Tämä tapahtuu, kun valonsäteen alku saapuu kelloon B ja valaisee kellon kasvot B ja heijastuu takaisin tarkkailijaan A ja saapuu tarkkailijan luo A.

Valaistuksen hetkellä nuolet näyttävät ajanhetken numeerisen arvon t_B.

Herää kysymys: kuinka se voidaan tehdä niin, että tarkkailija A näkee tarkan kellon kellon valaistushetken B?

Vastaus on helppo. Tämä tarkoittaa, että koe on suoritettava pimeässä. Siksi, kun teemme ajatuskokeilua, "sammutamme valot".

Katso kuva 10.

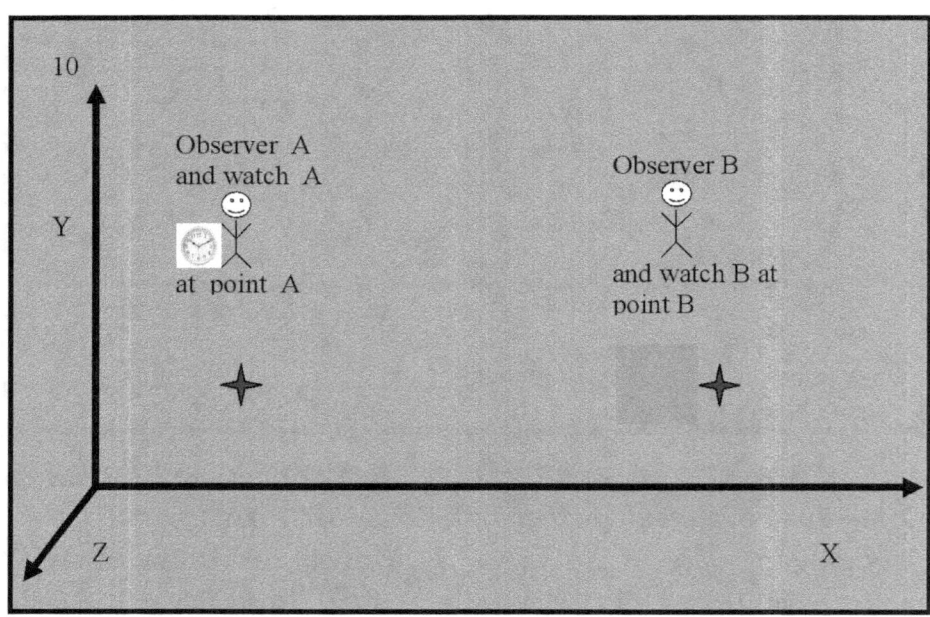

Kuvasta 10 näkyy, että pisteessä oleva havainnoija A näkee kellonsa osoittimet A, joka on hieman valaistu, mutta ei näe pisteessä sijaitsevan kellon osoittimia B, koska on pimeää.

EINSTEININ ENSIMMÄINEN VIRHE

Pisteessä oleva tarkkailija B ei näe kellonsa osoittimia B.
Tarkkailija A lähettää valonsäteen tarkkailijalle B.
Katso kuva 11.

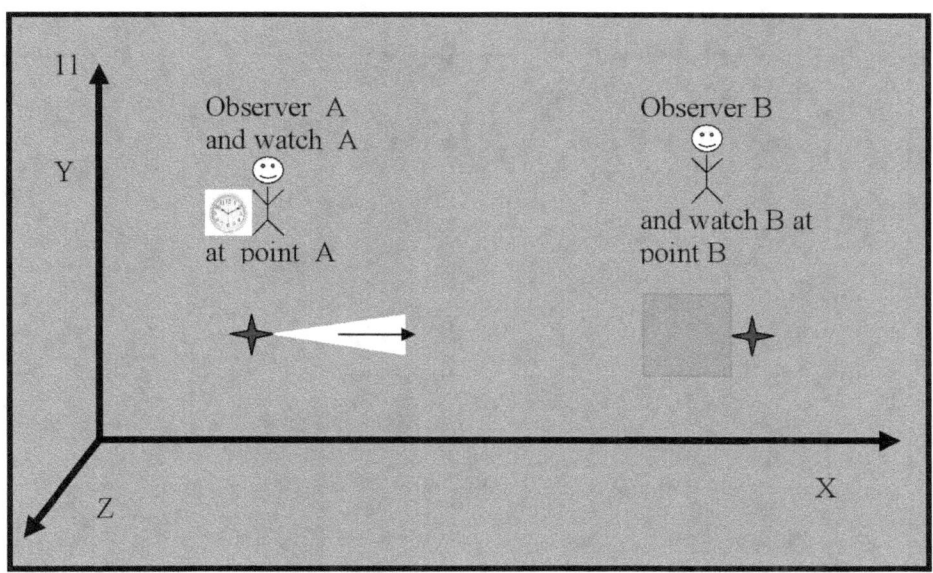

Kuvasta 11 näkyy, että valopulssin lähde on taskulampusta, joka on suunnattu kelloon B.

Meidän on muistettava, että kun ensimmäinen ajatuskoe suoritettiin, valopulssin lähde oli laser. Ero laserin valopulssin ja taskulampun valopulssin välillä on erittäin tärkeä tekijä.

Lasersäteen alku heijastuu peilistä ja pomppaa takaisin. Lasersäteen alkaessa ei ole tietoa kellon lukemasta pisteessä B. Taskulamppujen valonsäteen alku, kun se heijastuu kellosta B, kuljettaa tietoa kellon lukemista pisteessä B.

Näemme, että tämä ero, laserin ja taskulampun valon välillä, muuttaa kahden kellon synkronointimenetelmää.

Valopulssin alkaminen on tapahtuma, joka tapahtuu tiettynä ajankohtana t_A. Tarkkailija A määrittää ajanhetken t_A kellollaan, joka sijaitsee pisteen A välittömässä läheisyydessä. Havaitsija pisteessä A muistaa, että tapahtuma "valopulssin alun ilmestyminen" tapahtui ajanhetkellä t_A.

Valosäde alkaa liikkua kohti tarkkailijaa, joka sijaitsee pisteessä B. Valosäteen origo sijaitsee jossain pisteen A ja pisteen välissä B.

Katso kuva.12.

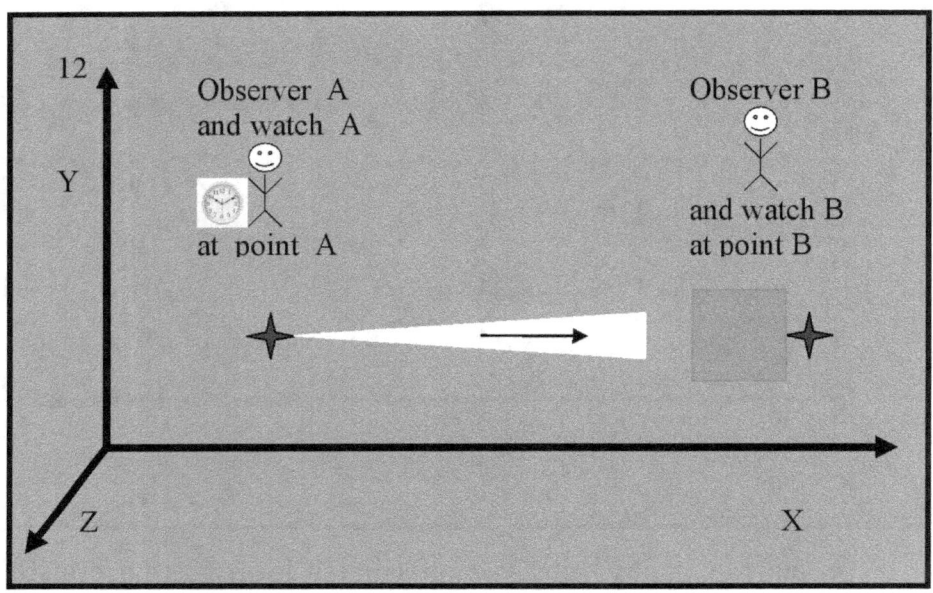

Kuva 12 osoittaa, että pisteen A havainnoija ei voi havaita valonsäteen origon liikettä. Mutta pisteessä sijaitsevalla havainnolla A on tieto siitä, että valonsäteen alku liikkuu kohti pisteessä olevaa havainnoijaa B ja että valonsäteen alku heijastuu pisteessä sijaitsevan kellon kasvosta B ja että se palaa takaisin kohtaan A.

Valosäteen alku saapuu pisteeseen B ja valaisee kellon kasvot, joka on sijoitettu pisteen eteen B.

Katso kuva 13

EINSTEININ ENSIMMÄINEN VIRHE

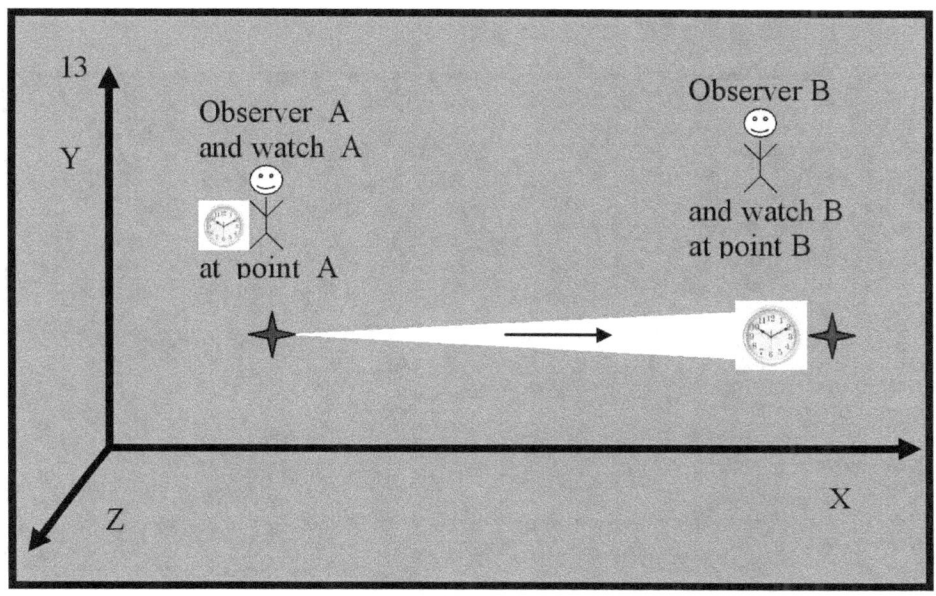

Kuvassa 13 näkyy, että kun valonsäteen etureuna valaisee kellotaulun B, pisteessä oleva havainnoija B näkee kellotaulun B. Pisteessä oleva tarkkailija B näkee kellon osoittimien sijainnin B. Nuolet näyttävät ajanhetken t_B.

Valosäteen saapuminen pisteeseen B, kellotaulun valaistus ja valonsäteen heijastus kellosta ovat kolme tapahtumaa, jotka tapahtuvat samalla ajanhetkellä t_B. Tarkkailija havaitsee jossain pisteessä B, että nämä kolme tapahtumaa, nimittäin saapuminen, valaistuminen ja heijastus, tapahtuvat samalla ajanhetkellä t_B. Pisteessä oleva tarkkailija B muistaa, että valonsäteen saapuminen, valaistuminen ja heijastus tapahtuvat tietyllä hetkellä t_B.

On erittäin tärkeää ymmärtää ja muistaa, että kun pisteessä oleva havainnoija B näkee valaistun kellon osoittimet, jotka B sijaitsevat hetkeä osoittavassa pisteessä, pisteessä oleva t_B havainnoija ei juuri sillä hetkellä näe kellon osoittimia A, jotka t_B sijaitsevat . jossain pisteessä B. Katsoja A katsoo kelloa B, mutta näkee pimeyden. Tämä johtuu siitä, että kellon heijastama valonsäde B ei ole vielä saapunut havainnointiin A.

Katso kuva 14.

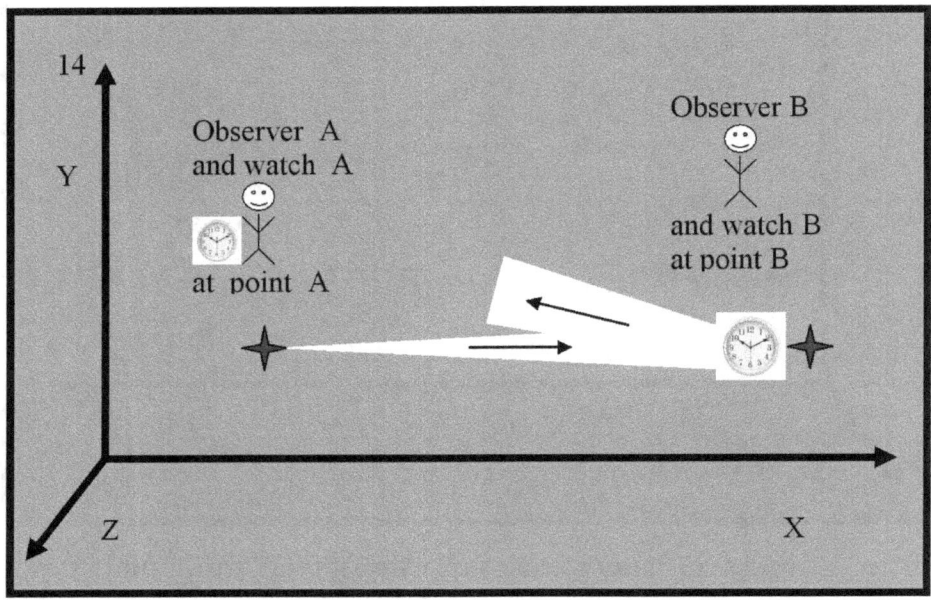

Kuvasta 14 näkyy, että valonsäteen origo on jossain kahden havainnoijan välissä.

Kun heijastunut säde saapuu tarkkailijalle A, hän näkee vasta silloin kellon valaistuksen pisteessä B.

Toistan vielä kerran, että valonsäteen heijastus pisteessä sijaitsevasta kellokellosta B on erittäin tärkeä osa suorittamamme kokeilua. Valosäteen heijastus kellotaulusta on olennaisesti erilaista kuin lasersäteen heijastus peilistä.

Tämä johtuu siitä, että kellotaulusta heijastuksen jälkeen B valonsäteen alku kantaa valokuvaa pisteessä sijaitsevasta valaistusta kellotaulusta B.

Katso kuva 15.

EINSTEININ ENSIMMÄINEN VIRHE

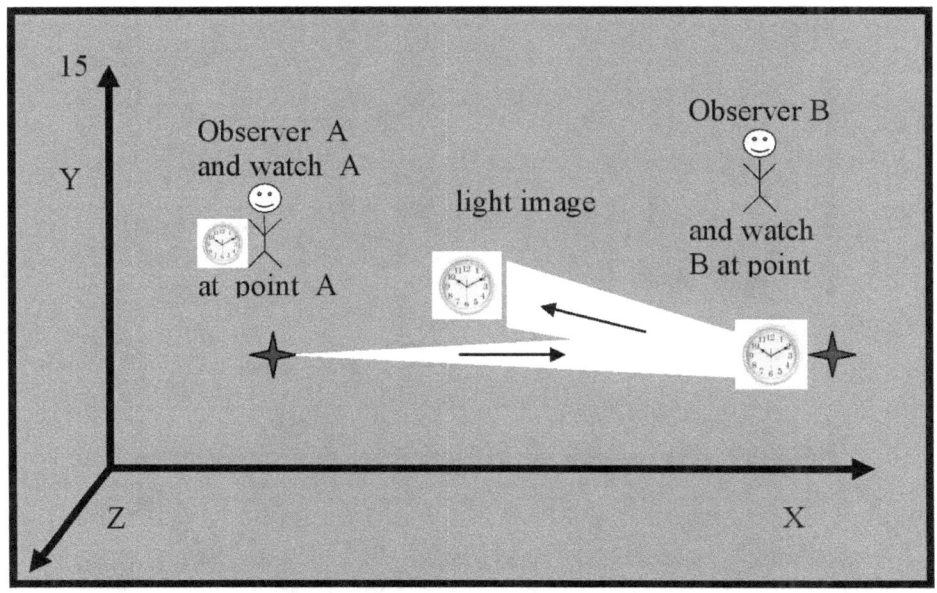

Kuvasta 15 näkyy, että valonsäteen alku on "muistanut" kuinka kellon osoittimet ovat pisteessä B. Tämä on tärkein ero kahden analysoimamme ajatuskokeen välillä. Ensimmäisessä kokeessa valopulssi oli laserista, joka heijastui peilistä ja joka ei sisältänyt valokuvaa. Heijastunut laservalopulssi on yksinkertainen valopilkku.

Tämä tosiasia on erittäin tärkeä, siksi on ymmärrettävä ja muistettava, että toisessa kokeessa valonsäteen alku kuljettaa *tietoa* pisteessä sijoittuvan kellon osoittimien sijainnista B. Tämä on *tietoa* ajankohdan kvantitatiivisesta, numeerisesta arvosta t_B.

Valopulssi on jossain pisteen A ja pisteen välissä B. Havainnoija pisteessä A ja tarkkailija pisteessä B ei voi tarkkailla valopulssin liikettä, mutta he tietävät, että pulssi liikkuu pisteestä B pisteeseen A ja että se kantaa valokuvaa pisteessä sijaitsevasta valaistusta kellotaulusta B.

Katso kuva 16.

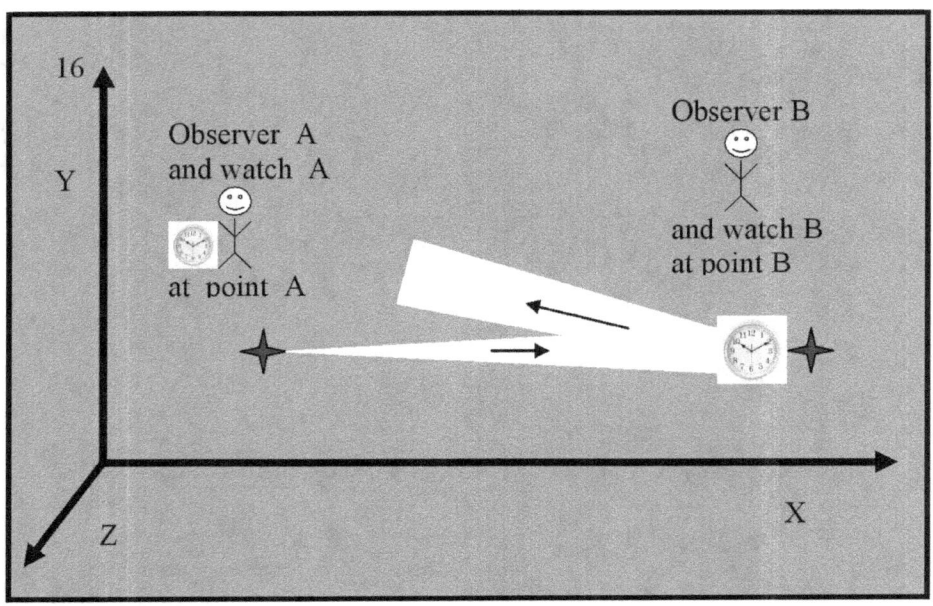

Kuvassa 16 ei näy pisteessä , sijaitsevan valaistun kellotaulun valokuvaa B, vaan tarkkailijat ja tiedämme sen olevan siellä.

Valopulssi saapuu pisteeseen A.

Katso kuva 17.

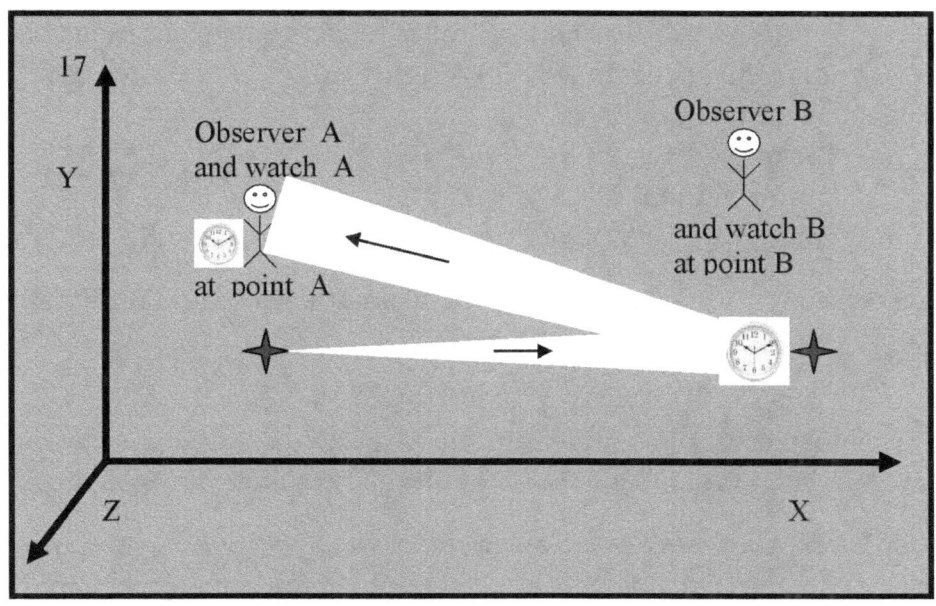

Kuvasta 17 näkyy, että kun valopulssi saapuu tarkkailijalle A, hän näkee valokuvan pisteessä sijaitsevasta kellotaulusta B. Valopulssin alku osoittaa kellon osoittimien sijainnin pisteessä B. Kellon osoittimien B sijainti osoittaa ajan hetken t_B. Kun pisteessä oleva tarkkailija A näkee kellon osoittimien sijainnin B, hän hyväksyy **tiedon** kvantitatiivisesta arvosta, joka on ajanhetken numeerinen arvo t_B.

Tämä tapahtuu juuri nyt t'_A. Pisteessä oleva tuuletin A huomauttaa, että valopulssin saapuminen ja tiedon vastaanotto tapahtuu ajanhetkellä t'_A. Ajan hetken mittaus t'_A lasketaan pisteessä sijaitsevan kellon lukemilla A. Tarkkailija paikalla A muistaa ajan hetken, t'_A koska ajanhetki t'_A on välttämätön kahden kellon synkronoimiseksi

Se, mitä sanoimme, on erittäin tärkeää. On ymmärrettävä ja muistettava, että:

Tarkkailija A **saa tietyllä hetkellä** t_B **aikainformaatiota** t'_A.

Ajatuskokeilu kahden kellon synkronoimiseksi on valmis. Ajatuskokeen suorittamisen jälkeen tarkkailija A ja tarkkailija B saavat seuraavat tulokset:

Tarkkailijan tulokset B:
Ensimmäinen.
Tarkkailija tietyssä pisteessä B tietää, että valopulssi saapui pisteeseen B, ajanhetkellä t_B ja heijastui peilistä ajanhetkellä t_B, jonka hänen kellonsa tallensi.

Toinen.
Pisteessä oleva havainnoija B ei tiedä sen ajan hetken numeerista arvoa, t_A jolloin valopulssi lähti pisteestä A, eikä hän tiedä sen ajan hetken numeerista arvoa, t'_A jolloin valopulssi palasi pisteeseen A. Jotta kaksi kelloa voidaan synkronoida (Albert Einsteinin mukaan), ehdon on täytyttävä:

$$t_B - t_A = t'_A - t_B$$

Kirjoittaakseen matemaattisen lausekkeen pisteessä sijaitsevan havainnoijan B on tiedettävä ajanhetkien kolme numeerista t_A arvoa t_B ja t'_A.

Tarkkailija B ei tiedä ajanhetkien kolmea numeerista t_A arvoa t_B ja t'_A. Siksi tarkkailija B ei voi synkronoida kahta kelloa.

Tarkkailijan tulokset A:
Pisteessä oleva tarkkailija A tietää sen ajan numeerisen arvon, t_A jolloin valopulssi lähti pisteestä A.

Pisteessä oleva tarkkailija A tietää sen ajanhetken numeerisen arvon, t_B jolloin valopulssi saapui pisteeseen B.

Pisteessä oleva tarkkailija A tietää sen ajan numeerisen arvon, t'_A jolloin valopulssi palasi pisteeseen A.

Albert Einstein sanoi, että jotta kaksi kelloa voidaan

synkronoida, ehdon on täytyttävä:

$$t_B - t_A = t'_A - t_B$$

Tarkkailija A tietää ajanhetkien kolme numeerista arvoa t_A, t_B ja t'_A.

Tarkkailija A kirjoittaa yhtälön, ratkaisee sen ja Albert Einsteinin mukaan se riittää, ja kellot synkronoidaan. Suoritamamme kokeilu on päättynyt onnistuneesti.

Onko se todella niin?

Vastaus tähän kysymykseen on: Ei!

Päätelmä kokeen onnistuneesta loppuun saattamisesta ei pidä paikkaansa. Näytämme nyt, että kelloja ei ehkä synkronoida.

Albert Einsteinin menetelmän mukaan ajanhetken t_B, täytyy olla välin keskellä, ja välillä t_A, t'_A jolloin kellot synkronoidaan. Muistakaamme kokeilu ajan hetken määrätyillä luvuilla:

Kahdeksasta kymmeneen on kello kaksi ja kymmenestä kahteentoista on kaksi. Kymmenen on keskellä kahdeksasta kahteentoista, ja sitten kellot synkronoidaan. Albert Einsteinille tämä on tärkein asia.

Mutta väitämme, että:

Kymmenen voi **olla** välin keskellä, ja kellot **voivat olla eivät ole** synkronoituja.

Ja tuo:

Kymmenen ei välttämättä **ole** välin keskellä, ja kellot **ovat** synkronoituja.

Mikä tämä mysteeri on, ja miten tämä on mahdollista?!

Se on mahdollista, koska unohdimme erittäin tärkeän tosiasian:

Tarkkailija saa tiettynä A **ajankohtana** t'_A **tietoa ajankohdasta** t_B **toiselta** kellolta.

Aikatietojen saaminen toisesta kellosta t_B muuttaa koko synkronointimenetelmän.

Kirjoitamme numeerisen esimerkin vielä kerran. Valopulssi alkaa **molempien kellojen mukaan kello kahdeksalta**, saapuu molempien kellojen mukaan kello 10 ja palaa **molempien kellojen mukaan kello** kahdeltatoista.

Tärkein on keskittynyt termiin "**kahden kellon mukaan**". Tämä tarkoittaa, että tarkkailijan A tai tarkkailijan B on **nähtävä tapahtumien sattuman yhteensattuma**. Otteluita on kolme.

Ensimmäinen ottelu:
Aikahetkellä kello kahdeksan tapahtuvan tapahtuman yhteensattuma ajanhetkellä kello kahdeksan mukaan A tapahtuvan tapahtuman kanssa B.

Toinen ottelu:
Aikahetkellä kello kymmenen sattuvan tapahtuman yhteensattuma ajanhetkellä kymmenen mukaan A tapahtuvan tapahtuman kanssa B.

Kolmas ottelu:
Tapahtuman yhteensattuma, joka tapahtuu ajankohtana kello kaksitoista mukaan A, tapahtuman kanssa, joka tapahtuu ajankohtana kello kaksitoista mukaan B.

Jos tarkkailija A tai tarkkailija B ei voi nähdä kolmea tapahtumien yhteensattumaa, kellot eivät voi synkronoida.

Väitämme, että:

Kun tarkkailija A tai tarkkailija B saa **tietoa** tapahtuman tapahtumisesta, tarkkailija ei voi havaita tämän tapahtuman **sattuman** yhteensopivuutta toisen tapahtuman kanssa.

Tapahtumien sattuma on mahdollista vain ja vain "**suoralla**" **seurantaa**. Tässä herää erittäin tärkeä kysymys: mitä **suora havainnointi tarkoittaa**? Einstein ei kysynyt tätä kysymystä eikä analysoinut "**suoran havainnoinnin**" ilmiötä. Analyysi on tarpeen, varsinkin kun on kyse kvanttimekaniikan tieteestä, jossa ajan hetket ovat hyvin lähellä toisiaan ja aikavälit ovat hyvin pieniä.

Lyhyesti sanottuna tarkkailija ei voi synkronoida kahta kelloa.

Nyt suoritamme kokeen jälleen huolellisesti, ilman kiirettä ja teemme yksityiskohtaisen analyysin.

Selvittääksesi, katso kuva 18.

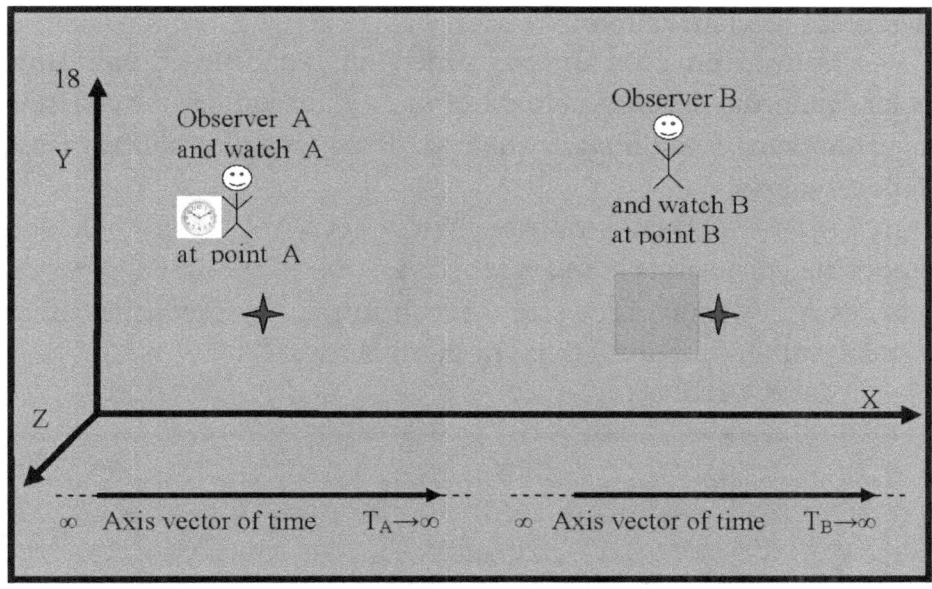

Kuvassa 18 on esitetty tarkkailija, A joka näkee kellon, A mutta ei näe kelloa, B koska kelloa B ei valaistu. Pisteessä B oleva tarkkailija B, joka ei näe kelloa, B koska kello B ei ole valaistu.

Kuvan alareunassa on kaksi vektoria. Nämä ovat ajan koordinaattiakseleita. Kuvan mukainen vasen aika-akseli näyttää kellonajan muuttumisen A, oikealla kellonajan B vaihtuminen . Nämä kaksi aikaakselia aloittivat alkunsa äärettömässä kaukaisessa menneisyydessä ja jatkavat kasvuaan äärettömässä kaukaisessa tulevaisuudessa. Nämä kaksi aikaakselia ovat toisistaan riippumattomia, koska ne ovat peräisin kahdesta riippumattomasta kellosta, kellosta A ja kellosta B. Merkitsemme akseleille kellon ja kellon B ajanhetket A.

Tällä tavalla vertaamme tarkkailijan A ja tarkkailijan

välisiä ajanhetkiä B. Pystymme ymmärtämään, minkä ajanhetken tarkkailija näkee, A kun tarkkailija B katsoo kelloaan, ja päinvastoin minkä hetken tarkkailija näkee B, kun tarkkailija A näkee kellonsa.

Tarkkailija A lähettää valonsäteen tarkkailijalle B.

Valosäteen lähde on taskulampusta, joka on suunnattu pisteessä olevaan kelloon B.

Valosäteen alun ilmestyminen on tapahtumatapahtuma, joka tapahtuu tiettynä ajankohtana t_A. Tarkkailija A määrittää ajan hetken t_A kellollaan, joka sijaitsee pisteen välittömässä läheisyydessä A.

Ajan hetken numeerinen arvo t_A näkyy kellon koordinaattiakselilla aikavektorissa A. Tarkkailija jossain pisteessä A muistaa, että tapahtuma "valopulssin alun ilmestyminen" tapahtui tiettynä ajankohtana t_A.

Katso kuva 19.

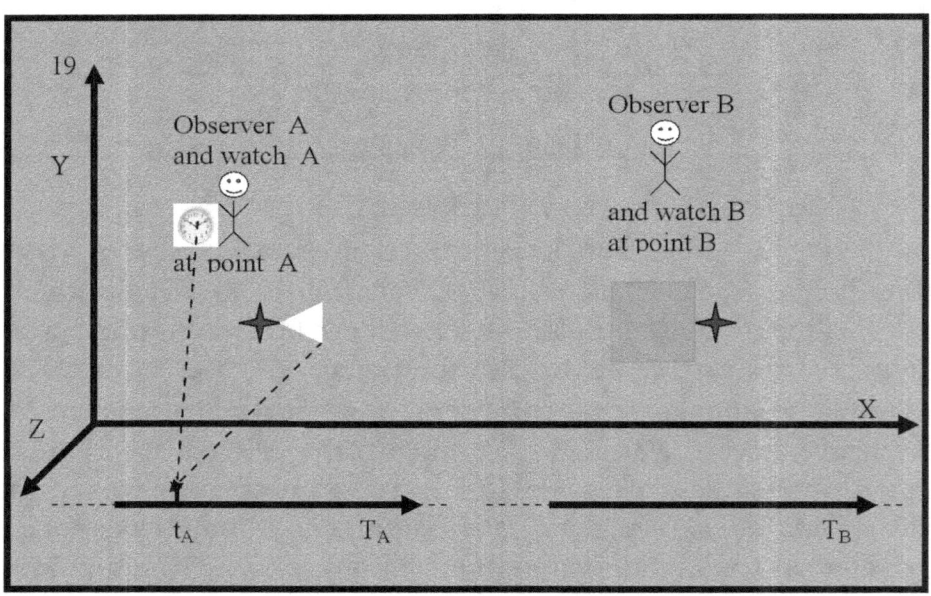

Kuvassa 19 näkyy kaksi katkoviivaa, jotka osoittavat ajan hetkeen t_A. Ensimmäinen nuoli osoittaa kellosta A

nykyiseen aikaan t_A. Tämä on kellon luku A. Toinen nuoli alkaa valonsäteen alusta ja päättyy kohtaan t_A ja osoittaa, että valonsäteen alku ilmestyi ajanhetkellä t_A.

Kun tarkkailijan kello A näyttää aikaa t_A, niin tarkkailijan kello B, näyttää jonkin verran omaa aikaa, jota merkitsemme symbolilla t_{BA}.

Katso kuva 20

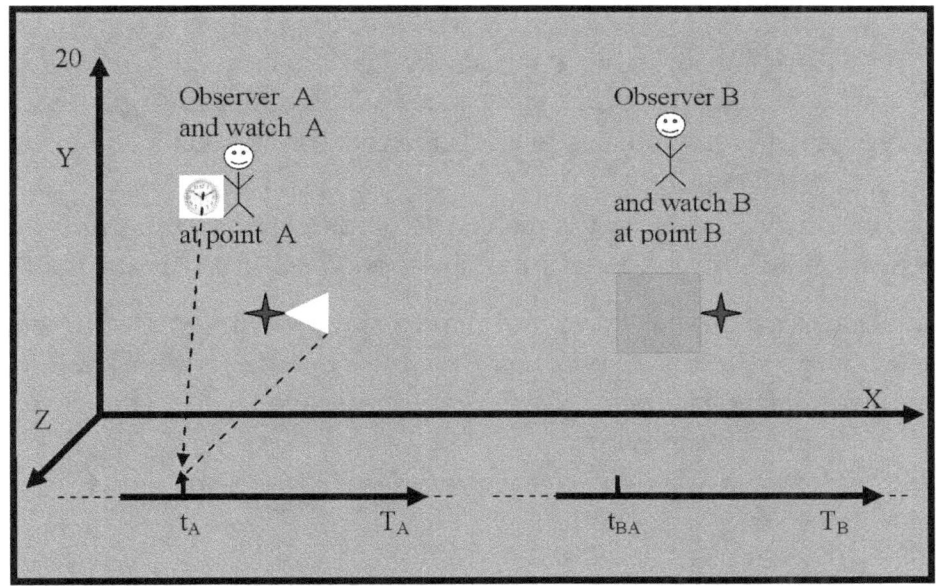

Kuva 20 esittää ajan hetken, joka on t_{BA} kellon B vektorissa T_B. Jos oletetaan, että kello B ja kello A mittaavat ja näyttävät samaa aikaa, niin ajanhetki t_A on oltava yhtä suuri kuin ajan hetki t_{BA}.

Herää kaksi kysymystä.

Ensimmäinen kysymys on:

Voiko tarkkailija A tietää, että t_A hänen kellonsa mittaama ajanhetki on yhtä suuri kuin A kellon B ₘᵢₜₜₐₐₘₐ ajanhetki t_{BA}?

29

Vastaus on ei. Tämä johtuu siitä, että tarkkailija A katsoo kelloa B, mutta siellä on pimeää. On pimeää, koska valonsäde ei valaise kellotaulua. B Kun valonsäde saapuu kelloon B ja heijastuu kellon kasvosta B ja palaa takaisin tarkkailijalle A, vasta silloin tarkkailija näkee A kellon B ajan hetken t_{BA}. Kun tarkkailija A näkee kellon ajan B hetki t_{BA}, hän katsoo kelloaan ja vertaa t_{BA} kellon B aikaa kelloaikaan A. Hänen kellonsa A näyttää muuta aikaa, joka ei ole sama kuin nykyinen aika t_{BA}. Tämä johtuu siitä, että valo kulkee nopeudella kolmesataa tuhatta kilometriä sekunnissa, ja se kulkee etäisyyden pisteestä pisteeseen B reaaliaikaisesti A. Tämä todellinen aikaväli on viive, joka näyttää kellon A.

Tarkkailija A, ei voi tarkkailla näiden kahden tapahtuman esiintymistä, ei voi tarkkailla ajan hetkiä, ei voi verrata kahta ajanhetkeä t_A ja t_{BA}, ei voi havaita tapahtumien sattumaa, eikä voi yksiselitteisesti sanoa, että tällä tavalla hän, tarkkailija, synkronoi kaksi kelloa.

Toinen kysymys on:

Voiko tarkkailija B tietää, että se t_A on yhtä suuri kuin t_{BA}?

Vastaus on ei. Tämä on mahdotonta, koska Tarkkailija B näkee tarkkailijan kellon, A joka on hieman valaistu, mutta ei näe tapahtumaa "poistumassa valonsäteestä" pisteestä A, koska valonsäteen alku on vielä jossain pisteen A ja pisteen välissä B.

Valosäteen alku ja kellon lukema A ajanhetkellä t t_A liikkuvat yhdessä.

Katso kuva 21.

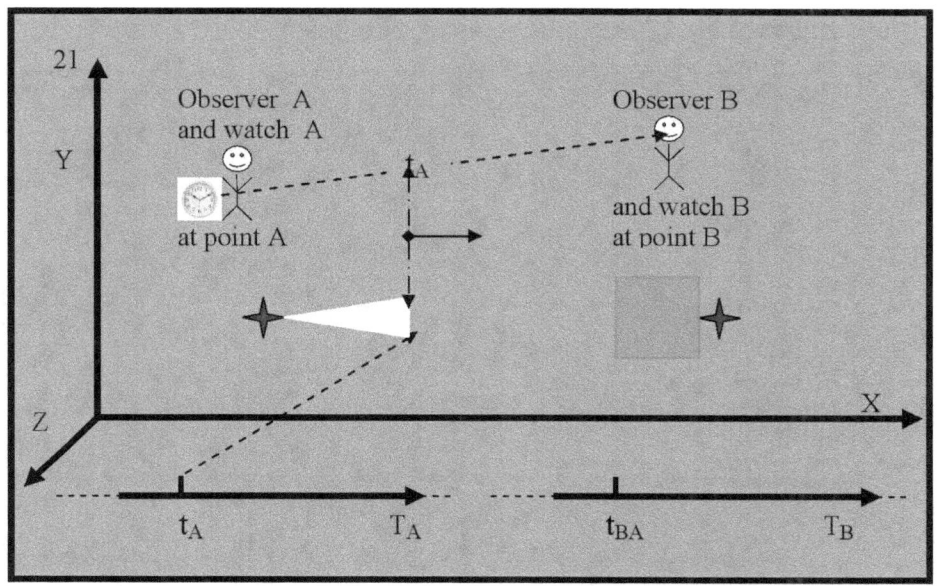

Kuvassa 21 näkyy, että kellon valokuva A liikkuu katkoviivanuolen päällä, joka yhdistää kellon A havainnointiin B.

Tarkkailija B näkee "valosäteen lähtö" -tapahtuman vain, kun valonsäteen alku saapuu tarkkailijalle B ja valaisee kellotaulun B.

Tärkeää on, että tarkkailija B ei voi nähdä tapahtuman "ajan hetki t_A kellossa A" yhteensopivuutta tapahtuman "ajan hetki t_{BA} kellossa B" kanssa.

Tarkkailija B ei voi sanoa, onko se t_A yhtä suuri kuin ajan t_{BA}, eikä voi määrittää ajan hetkeä t_{BA}.

Molemmat tarkkailijat eivät voi määrittää ajan hetkeä.

t_{BA} Siksi seuraavissa kuvissa ajan hetkeä t_{BA} ei näytetä kellon aikavektorissa B.

Tässä kokeen vaiheessa tarkkailijat eivät voi synkronoida kahta kelloa.

Valopulssi jatkaa liikkumista kohti tarkkailijaa, joka sijaitsee pisteessä B.

Katso kuva 22.

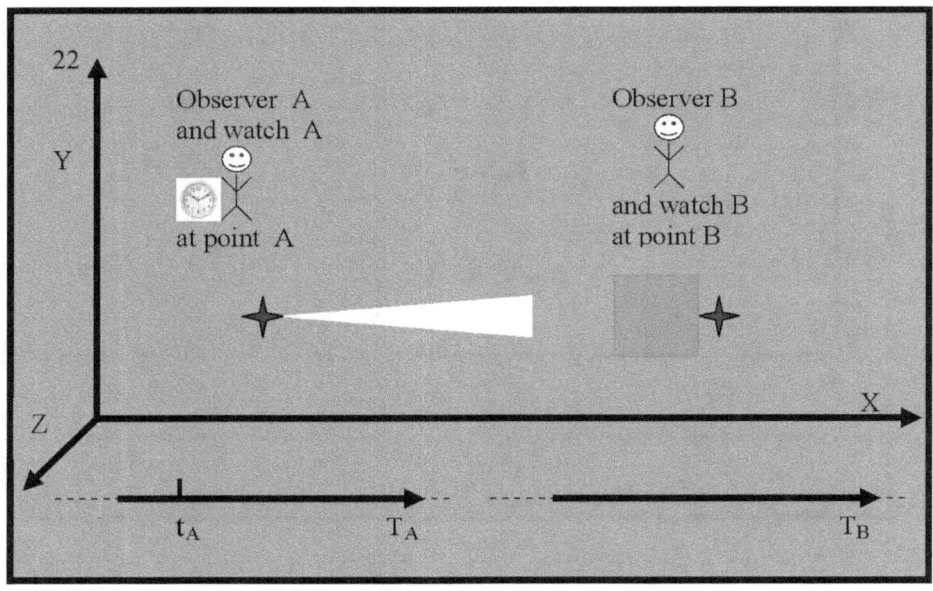

Kuvasta 22 näkyy, että valopulssin origo sijaitsee jossain pisteen A ja pisteen välissä B. Tarkkailija A ja tarkkailija B eivät voi tarkkailla valopulssin alun liikettä. Mutta tarkkailija B ja tarkkailija A tietävät, että valopulssin origo on siirtymässä kohti pistettä B. Heillä on **tietoa**, että säde liikkuu.

Valosäteen alku saapuu pisteeseen B ja valaisee kellotaulun B. Pisteessä oleva tarkkailija B katsoo valaistua kellotaulua ja näkee, että kellonsa mukaan ajan hetken numeerinen arvo on t_B.

Katso kuva 23.

EINSTEININ ENSIMMÄINEN VIRHE

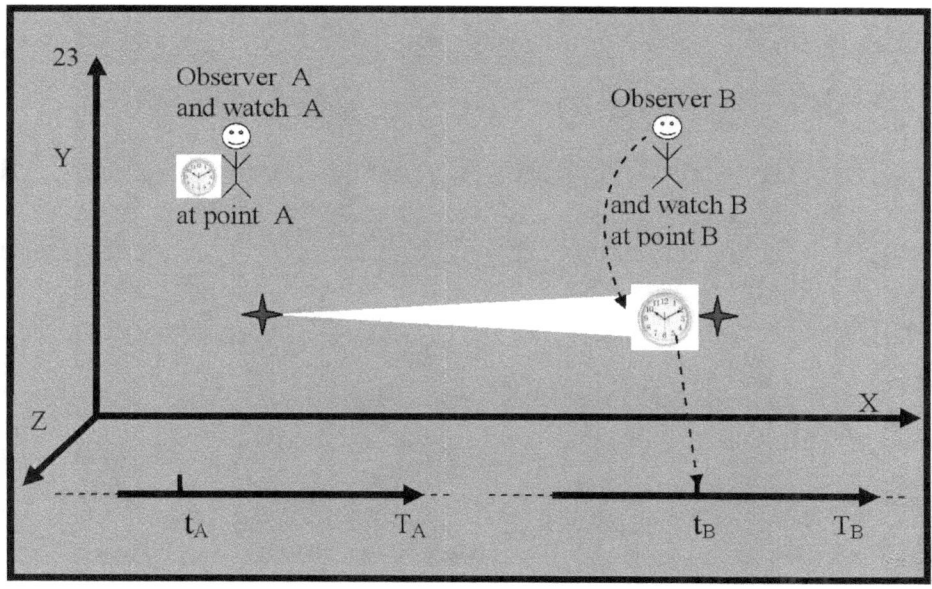

Kuvassa 23, ajan hetki t_B, on esitetty kellon aika-akselilla B.

Kun tarkkailija B, katso kellon osoittimet B, jotka osoittavat ajan hetken t_B, tarkkailijan kellon A osoittimet osoittavat jonkin ajan hetken t_{AB}.

Katso kuva 24.

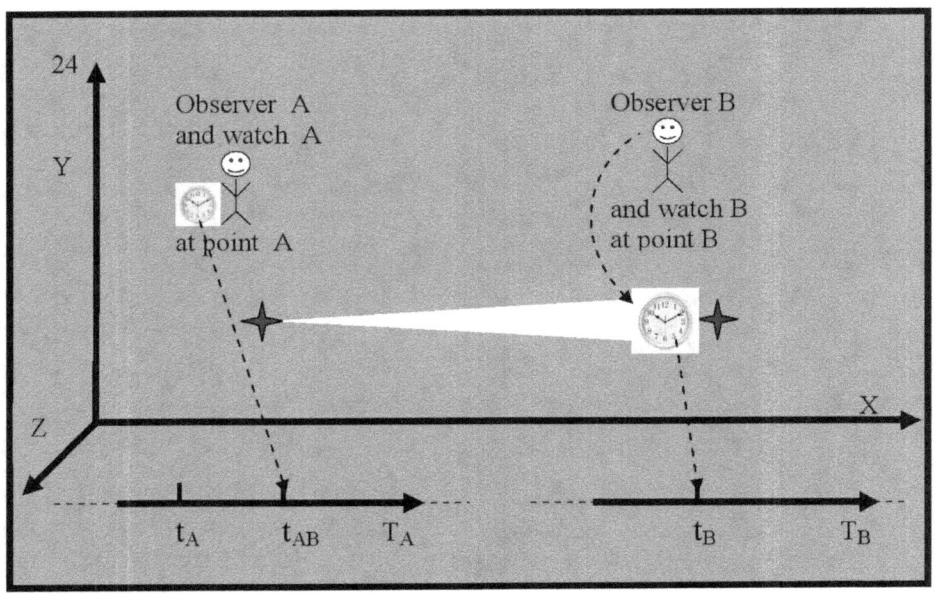

Kuvassa 24 katkoviivanuoli osoittaa ajanhetken t_{AB} kellossa A.

Jos oletetaan, että kello B ja kello A, mittaavat ja näyttävät saman ajan, niin ajanhetken t_B on oltava yhtä suuri kuin ajan hetki t_{AB}.

Herää kaksi kysymystä.

Ensimmäinen kysymys on:

Voiko tarkkailija B ymmärtää, että se t_B on yhtä suuri kuin t_{AB} ja voiko nähdä "hetkellä ajanhetkellä tapahtuvan t_B" tapahtuman yhteensopivuuden "hetkellä tapahtuvan" tapahtuman kanssa t_{AB}?

Vastaus on ei. Tarkkailija B ei voi nähdä tarkkailijan kellon osoittimien lukemia, A jotka osoittavat ajanhetkeä t_{AB}.

Katso kuva 25

EINSTEININ ENSIMMÄINEN VIRHE

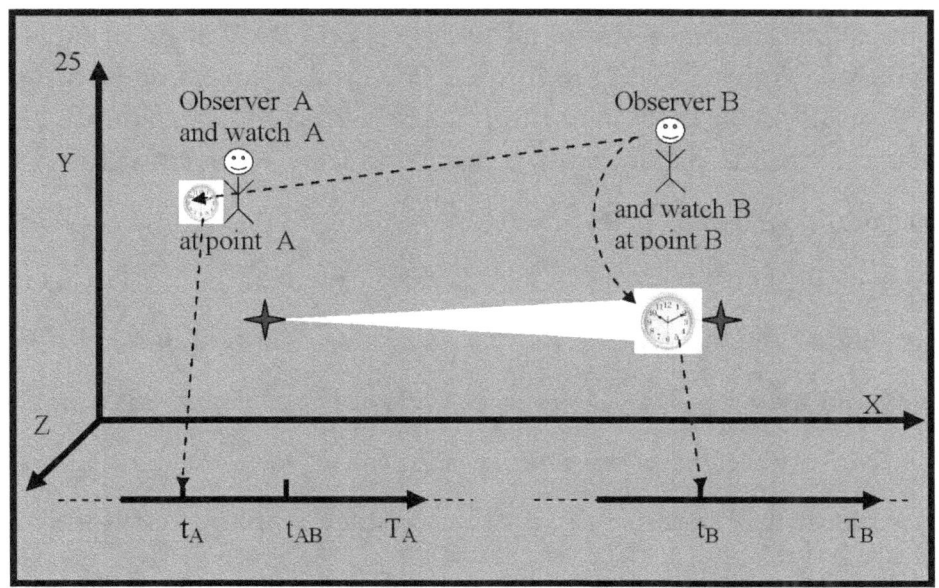

Kuvasta 25 näkyy, että tarkkailija B näkee kellon osoittimien lukemat A, jotka osoittavat ajanhetkeä t_A. Tämä johtuu siitä, että kun tarkkailija B katsoo tarkkailijan kelloa A, hän näkee kellon vaalean kuvan A. Olemme jo selittäneet, että se on valoa, joka heijastuu kellon kasvosta A ja kuljettaa tietoa kellon osoittimien lukemista A. Kellon valokuva A liikkuu valopulssin alun mukana. Pulssin alku ja kuva saapuvat yhteen pisteeseen, ja tämä tapahtuu B kellolla mitattuna B hetkenä t_B.

Lyhyesti sanottuna, kun valopulssi valaisee kellon B, tarkkailija B näkee kellollaan B hetken ajassa t_B ja näkee kellossa A hetken ajassa t_A. Tässä vaiheessa kokeemme tarkkailija B ei voi todistaa, että kellot ovat synkronoituja.

Toinen kysymys on:

Voiko tarkkailija A tietää, että t_{AB} hänen kellonsa mittaama ajanhetki on yhtä suuri kuin A kellon mittaama B ajanhetki t_B?

Vastaus on ei. Tämä johtuu siitä, että tarkkailija A katsoo kelloa B, mutta siellä on pimeää. On pimeää, koska heijastunut valonsäde ei ole vielä saavuttanut tarkkailijaa A. Katso kuvaa 23. Kun valonsäde palaa takaisin havainnoijaan A, vasta silloin A tarkkailija näkee t_B kellon ajan hetken B. Kun tarkkailija A näkee ajan t_B hetken kellossa B, hän katsoo omaansa kelloa ja vertaa t_B kellon B aikaa oman kellonsa aikaan A. Tarkkailijan kello A näyttää ajan hetken, t'_A joka ei ole yhtä suuri kuin ajan hetki t_B ja joka ei ole yhtä suuri kuin ajan hetki t_{AB}. Tarkkailija A ei voi nähdä kellonajan t_B tapahtuman yhteensopivuutta kellonajan B tapahtuman A kanssa t_{AB}. Tämä johtuu siitä, että valo kulkee nopeudella kolmesataa tuhatta kilometriä sekunnissa ja kulkee etäisyyden pisteestä pisteeseen B reaaliajassa A. Tämä todellinen aikaväli on viive, jonka kello A laskee. Tarkkailija A ei voi määrittää aikaa t_{AB} eikä synkronoida kahta kelloa.

Kokeen tässä vaiheessa tarkkailijat A eivät B voi synkronoida kahta kelloa

Valosäteen alku heijastuu kellon kasvosta B ja alkaa liikkua kohti tarkkailijaa A.

Katso kuva 26.

EINSTEININ ENSIMMÄINEN VIRHE

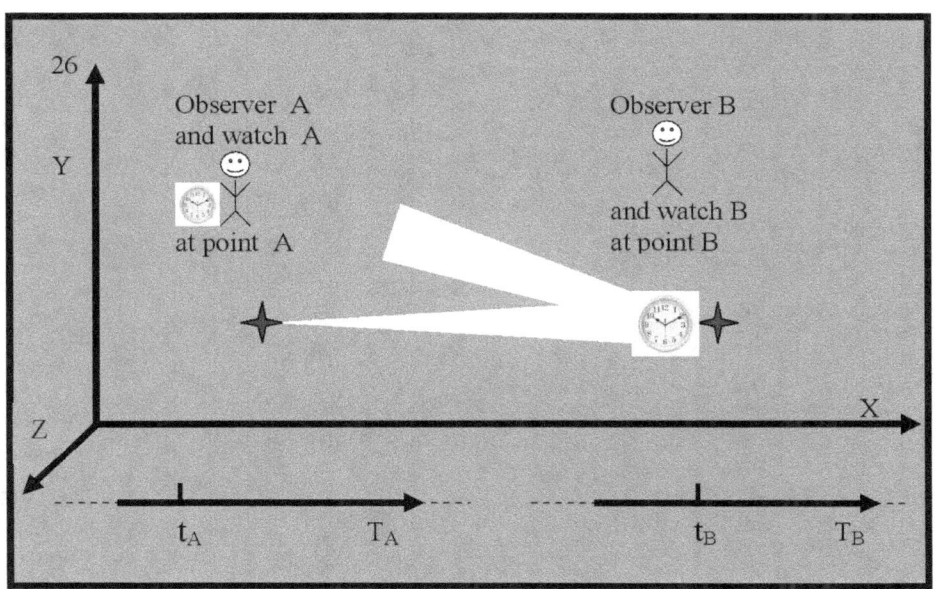

Kuvasta 26 voidaan nähdä, että kellon aika-akselilla A ei näy kellonaikaa t_{AB}, koska sitä ei ole määritelty.

Valosäteen alku välittää tietoa kellon osoittimien lukemista B.

Valosäteen alku saapuu tarkkailijalle A,
Katso kuva 27.

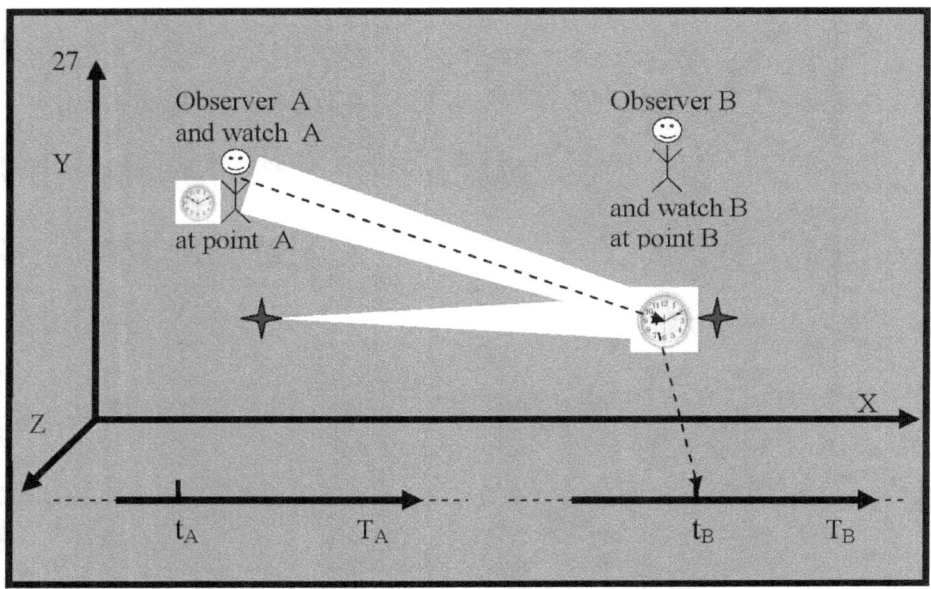

Kuvasta 27 näkyy, että tarkkailija A näkee kellotaulun valokuvan ja kellon osoittimien B lukemat, B jotka osoittavat ajanhetkeä t_B.

Kelloaan A katsova tarkkailija näkee, että tämä tapahtuu tietyllä hetkellä t'_A.

Katso kuva 28.

EINSTEININ ENSIMMÄINEN VIRHE

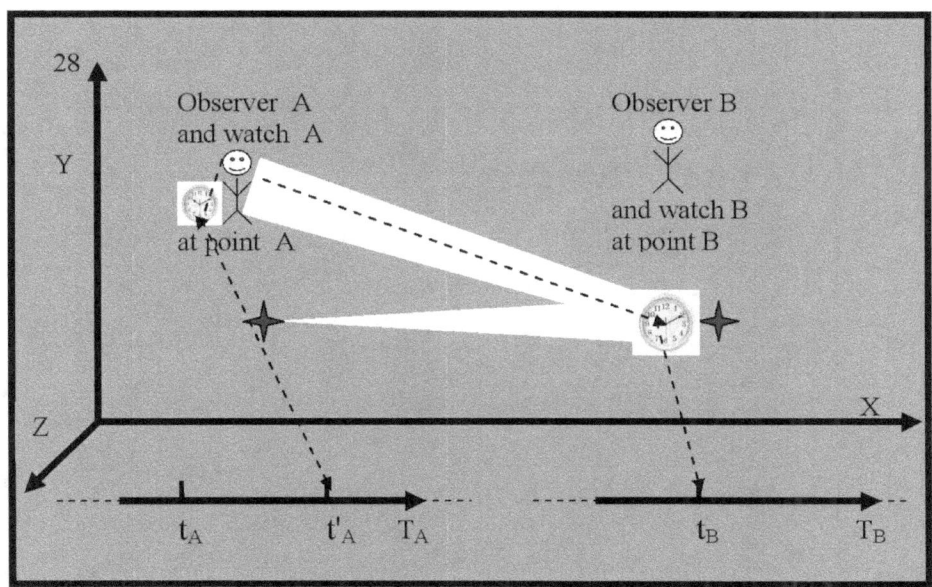

Kun tarkkailija A näkee kellonsa osoittimien lukemat, A jotka osoittavat tiettyä ajankohtaa t'_A, kellon B osoittimet osoittavat tiettyä ajankohtaa t_{BA}.

Katso kuva 29.

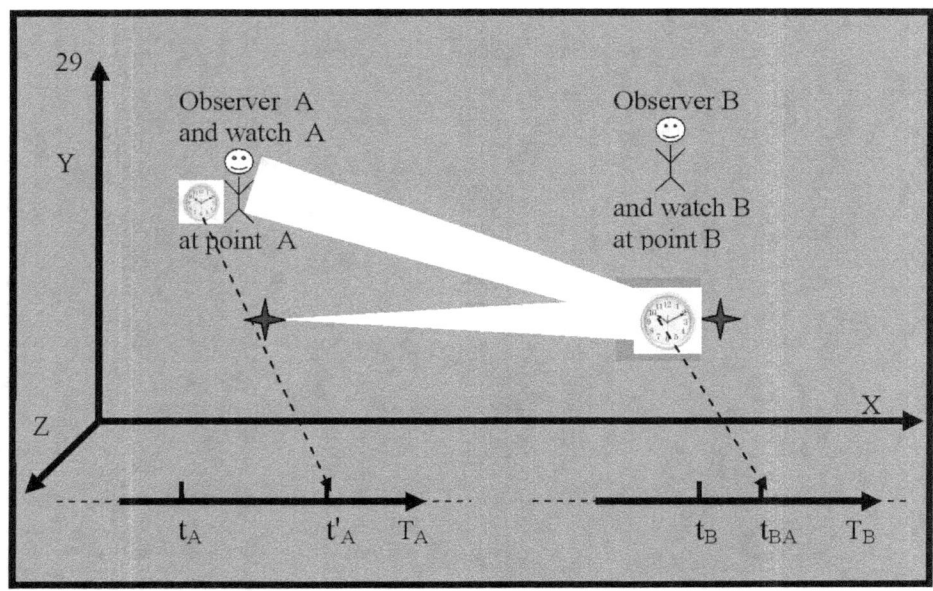

Kuva 29 näyttää mitä tarkkailija näkee A kellonsa mukaan ja mitä tarkkailija näkee B kellonsa mukaan.

Jos oletetaan, että kellot toimivat synkronisesti, niin ajanhetken t_{BA}, on oltava yhtä suuri kuin ajanhetki t'_A.

Herää kaksi kysymystä.

Ensimmäinen kysymys on:

Voiko tarkkailija tietää, että A hänen kellollaan mitattu A ajanhetki on yhtä suuri kuin t'_A kellon B mittaama ajanhetki ? t_{BA}

Vastaus on ei.

Tämä johtuu siitä, että tarkkailija A katsoo kelloa B, mutta siellä hän näkee ajan hetken t_B, jonka kautta tarkkailija A määrittää ajan t'_A. Valokuva kellon B osoittimien lukemista, jotka näyttävät ajan hetken t_{BA}, on kellossa B.

ajan hetkeä osoittavien t_{BA} osoittimien lukemien valokuva B palautetaan tarkkailijalle A, vasta silloin A tarkkailija näkee ajan hetken t_{BA} kellossa B. Mutta kun tämä tapahtuu, kello A näyttää täysin eri aikaa. Tarkkailija A, ei voi nähdä **tapahtuman** ajankohdan t'_A yhteensopivuutta tapahtuman ajankohdan kanssa t_{BA}.

Tarkkailija A ei voi kertoa ja todistaa, että kellot ovat synkronoituja.

Toinen kysymys on:

Voiko tarkkailija B tietää, että t_{BA} kellolla mitattu ajanhetki on yhtä suuri kuin kellolla B mitattu A ajanhetki t'_A?

Vastaus on ei.

Tämä johtuu siitä, että tarkkailija B katsoo kelloa A ja näkee kellon osoittimet A, jotka osoittavat aikaa t_{AB}, joka eroaa ajasta t'_A. Ajan hetken numeerinen arvo t_{AB} on jossain ajan t_A hetken ja ajanhetken välissä t'_A.

Katso kuva 30.

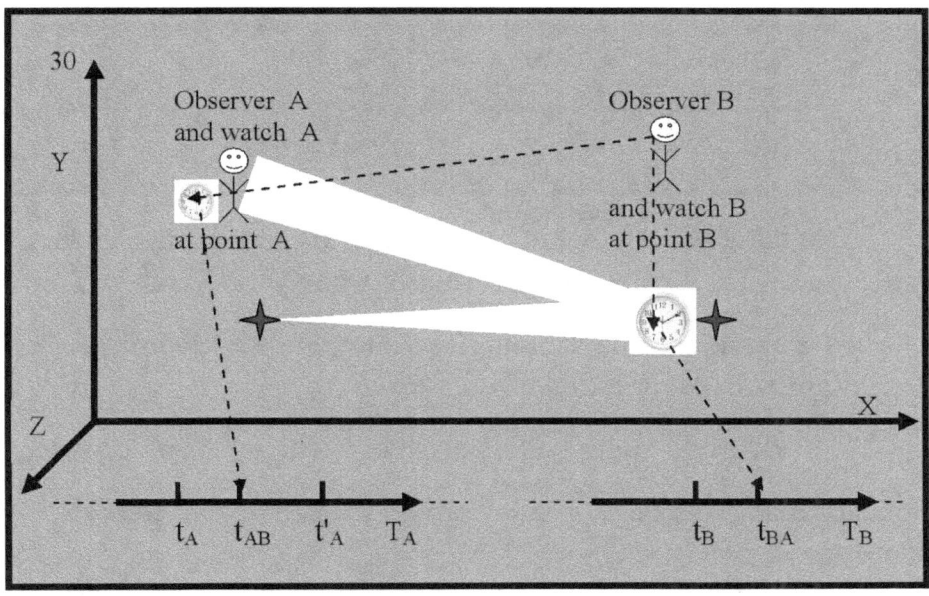

Kuva 30 näyttää mitä tarkkailija näkisi B. Kellossa A hän näkee hetken ajassa t_{AB}, kellossa B hän näkee hetken ajassa t_{BA}.

Ajan hetki t_{AB} on erilainen kuin ajan hetki t_{BA}.

Saimme päätökseen toisen kokeen, jonka teimme pimeässä. Yksityiskohtaisesti ja yksityiskohtaisesti analysoimme valonsäteen liikettä ja ymmärsimme tavan, jolla ajan hetket lasketaan kahdessa kellossa. Teemme yhteenvedon tuloksista.

Katso kuva 31.

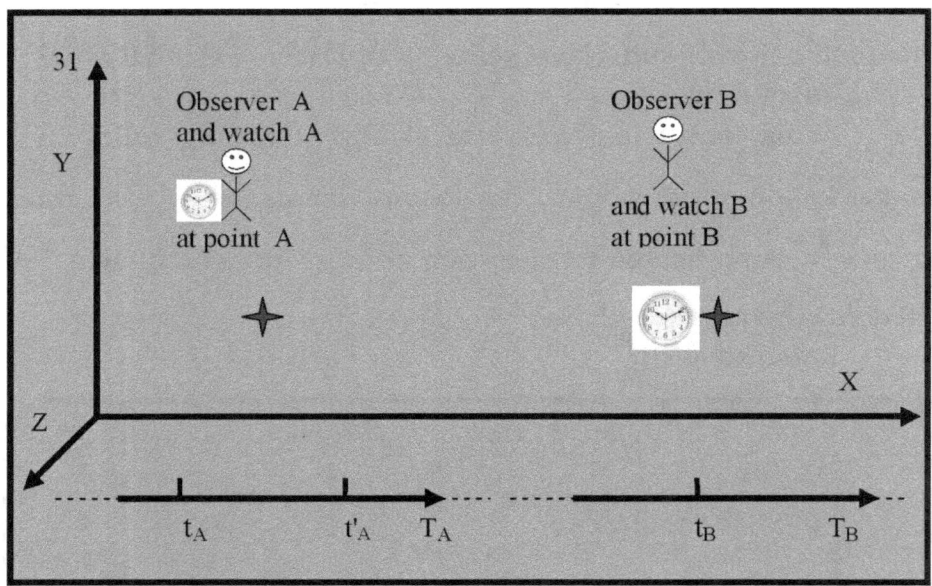

Kuvassa 31 on esitetty, mitä hetkiä tarkkailija näki A kellonsa kautta ja mitä hetkiä tarkkailija näki B kellonsa kautta.

Tarkkailija B näki kellollaan hetken, t_B jolloin kellon kasvotaulu oli valaistu B.

Tarkkailija A näki kellollaan ajan hetken t_A - valonsäteen ilmestymisen, hetken - t'_A valonsäteen paluun ja ajan hetken t_B kellosta B.

Näytämme tämän tosiasian seuraavassa kuvassa ja

analysoimme "valoa".
Katso kuva 32.

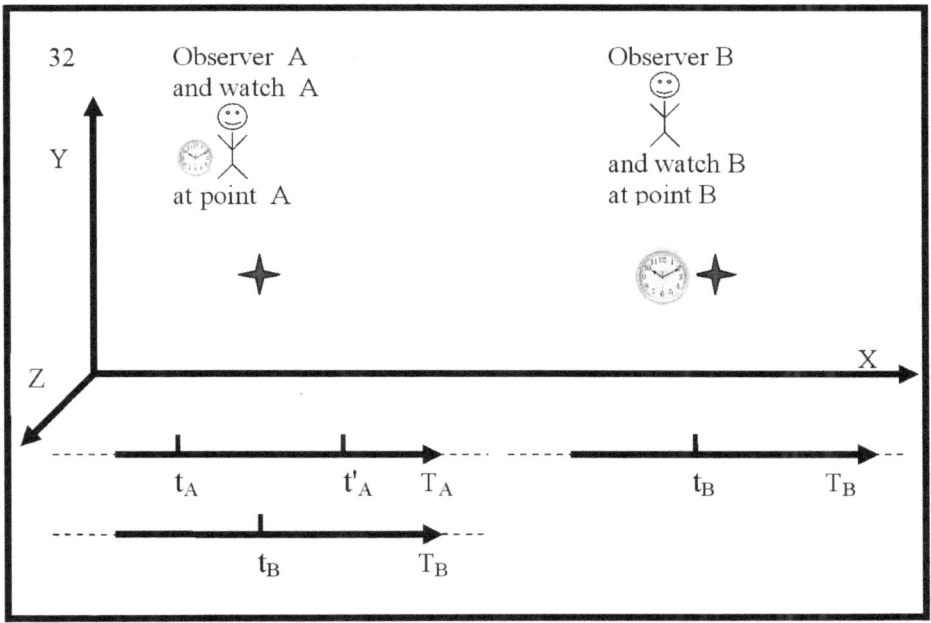

Kuvasta 32 voidaan nähdä, että tarkkailijan alapuolella on B aikavektori, jonka ajanhetki t_B havaitsijan näkee B.

Tarkkailijan alapuolella A näytetään kaksi aikavektoria ja ajanhetket, jotka tarkkailija on nähnyt A. Toinen vektori on tarkkailijan vektori B. Tällä tavalla kahta vektoria ja niissä olevia hetkiä voidaan verrata.

Aikahetkeä t_B, joka on vektorissa, T_B ei voida sijoittaa aikavektoriin t_A. Tämä johtuu siitä, että kaksi vektoria ovat kahdesta eri kellosta ja ovat riippumattomia. Tämä on erittäin tärkeää ja se tulee muistaa. Fysiikkakirjoissa ne näyttävät yhden aikavektorin ja sillä vektorilla useiden eri kellojen ajan. Se on virhe. Jokaisella yksittäisellä kellolla on oltava oma aikavektorinsa. Tällä tavalla aika-analyysit ovat oikeita ja selkeitä.

Kun kellot toimivat synkronisesti, niiden on näytettävä

samat ajan hetket.
Katso kuva 33.

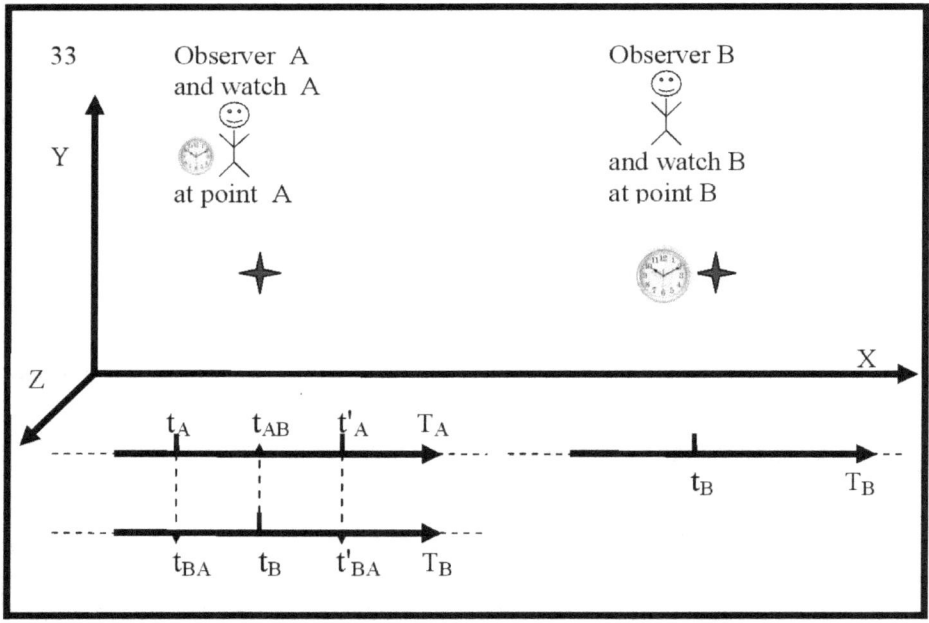

Kuva 33 osoittaa, että kahden aikavektorin välillä T_A ja T_B katkoviivat nuolet lisätään. Nuolet osoittavat kahden kellon eri ajanhetkien välistä suhdetta.

Kun kello A näyttää ajan hetken t_A, kello B näyttää hetken ajassa t_{BA}.

Katso kuvaa 33.

Ajan hetken numeerisen arvon t_A on oltava yhtä suuri kuin ajanhetken numeerinen arvo t_{BA}. Tämä yhtäläisyys on **ensimmäinen välttämätön ehto** sen osoittamiseksi, että kellot ovat synkronoituja. Tämä tarkoittaa, että tarkkailijan A on täytynyt nähdä näiden kahden tapahtuman yhteensopivuus. Tapahtuman hetken t_A yhteensopivuus tapahtuman ajanhetken kanssa t_{BA}. Tekemässämme analyysissä osoitimme ja todistimme, että tarkkailija A ei voi nähdä eikä todistaa näiden kahden tapahtuman yhteensopivuutta. Tarkkailija A ei voi täyttää

ensimmäistä välttämätöntä ehtoa eikä pysty todistamaan, että kellot ovat synkronoituja.

Kun kello B näyttää ajan hetken t_B, kello A näyttää hetken ajassa t_{AB}.

Katso kuvaa 33.

Ajan hetken numeerisen arvon t_B on oltava yhtä suuri kuin ajanhetken numeerinen arvo t_{AB}. Tämä yhtäläisyys on **toinen välttämätön ehto** sen osoittamiseksi, että kellot ovat synkronoituja. Tämä tarkoittaa, että tarkkailijan B tulee nähdä tapahtuman ajanhetken t_B yhteensopivuus tapahtuman ajanhetken kanssa t_{AB}. Tekemässämme analyysissä osoitimme ja todistimme, että tarkkailija B ei voi nähdä eikä todistaa näiden kahden tapahtuman yhteensopivuutta. Tarkkailija B ei voi täyttää **toista** välttämätöntä ehtoa, eikä voi todistaa, että kellot ovat synkronoituja.

Kun kello A näyttää hetken ajassa t'_A, kello B näyttää hetken ajassa t'_{BA}.

Katso kuvaa 33.

Ajan hetken numeerisen arvon t'_A on oltava yhtä suuri kuin ajanhetken numeerinen arvo t'_{BA}. Tämä yhtäläisyys on **kolmas välttämätön ehto** sen osoittamiseksi, että kellot ovat synkronoituja. Tämä tarkoittaa, että tarkkailijan A on täytynyt nähdä näiden kahden tapahtuman yhteensopivuus. Ajanhetken t'_A tapahtuman yhteensopivuus hetken ajan tapahtuman kanssa t'_{BA}. Tekemässämme analyysissä osoitimme ja todistimme, että tarkkailija A ei voi nähdä eikä todistaa näiden kahden tapahtuman yhteensopivuutta. Tarkkailija A ei voi täyttää **kolmatta** välttämätöntä ehtoa, eikä pysty todistamaan, että kellot ovat synkronoituja.

Analyysimme osoitti, että tarkkailija A ja tarkkailija B eivät voi täyttää kolmea ehtoa eivätkä synkronoida kellojaan.

Nyt jotkut lukijat saattavat vastustaa sitä, että olemme ottaneet käyttöön kolme uutta synkronisen toiminnan ehtoa, kun taas Albert Einsteinin mukaan kellojen synkronoimiseksi tarvitsee vain yksi ehto täyttyä, nimittäin:

$$t_B - t_A = t'_A - t_B$$

Kyllä se on.

Albert Einsteinin menetelmän mukaan, jos yhtälö on totta, niin , t_B on välin t_A ja välillä keskellä t'_A, joten kellot synkronoidaan.

Näytämme nyt muutaman kuvan avulla kaksi erittäin tärkeää asiaa:

Ensimmäinen.

Näytämme, että ajanhetki t_B voi **olla** ja välillä olevan välin puolivälissä t_A, t_B mutta kelloja **ei kuitenkaan** synkronoida.

Toinen.

Näytämme , että t_A ajanhetki t_B ei välttämättä **ole** ja ja silti t'_A kellot **ovat** synkronoituja.

Kun näemme nämä kaksi asiaa, tiedämme, että Albert Einsteinin menetelmä on väärä.

Ensin näytämme synkronisesti toimivat kellot.

Katso kuva 34.

EINSTEININ ENSIMMÄINEN VIRHE

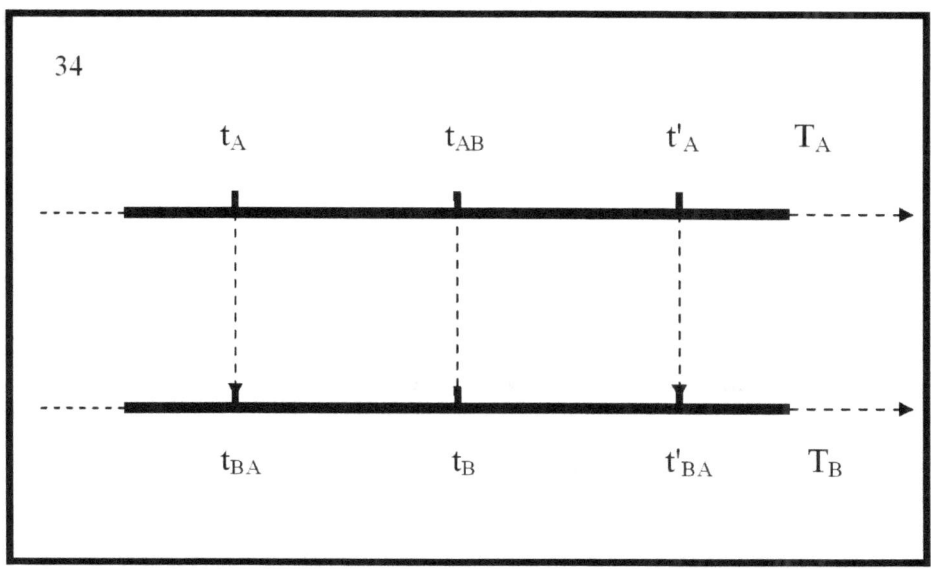

Kuvassa 34 on esitetty kelloaikavektori A a , joka on T_A , ja kelloaikavektori a, B joka on T_B .

Kellon A ja kellon ajan hetket B osuvat yhteen. Aikahetki t_B, on yhtä suuri kuin ajanhetki t_{AB} ja on t_B ja t'_A välissä olevan välin keskellä t_A. Kaikki kellojen synkronisen toiminnan ehdot täyttyvät. Kellot toimivat synkronisesti.

Seuraavassa kuvassa on jälleen esitetty kahden kellon aikavektorit ja ajanhetket .

Katso kuva 35 .

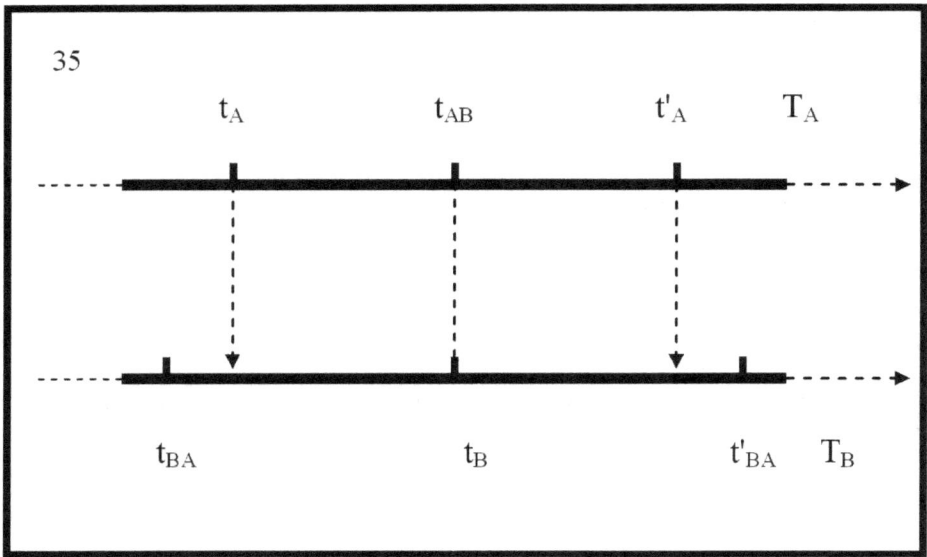

Kuvasta 35 voidaan nähdä, että ajan hetki t_A ei ole sama kuin ajan hetki t_{BA}, eikä ajanhetki t'_A ole sama kuin ajan hetki t'_{BA}. Vain ajanhetki t_B osuu ajanhetkeen ja on t_{AB} ja t'_A välissä olevan välin keskellä t_A. Albert Einsteinin mukaan, kun hän t_B on keskellä, kellot synkronoidaan. Mutta näemme, että ne eivät ole synkronoituja. Suorittaessaan Einsteinin koetta on mahdollista saada tämä tulos, jossa tutkija ei voi ymmärtää, että kyseessä on virhe.

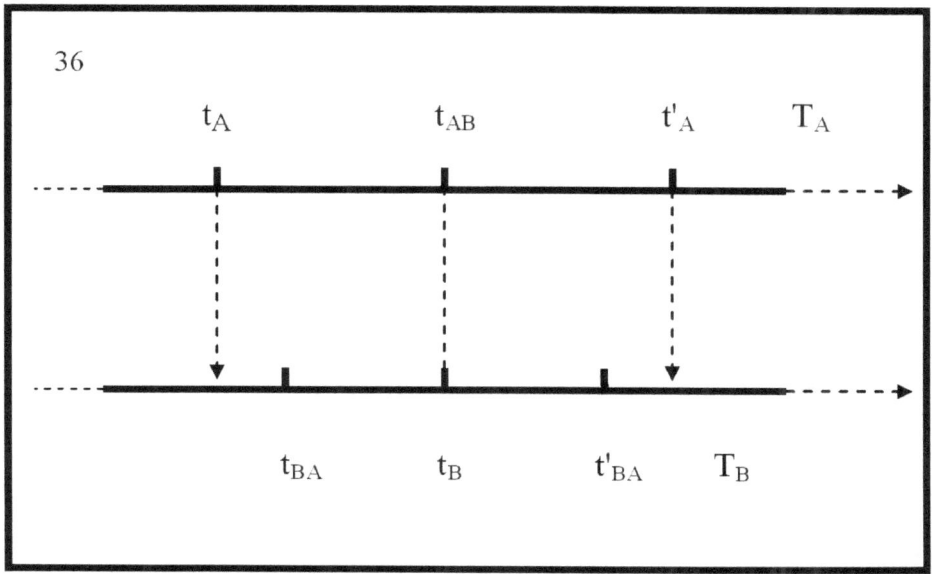

Kuvassa 36 näemme, että hetki t_A ei ole sama kuin hetki t_{BA}, eikä hetki t'_A ole sama kuin hetki t'_{BA}. Hetki t_B osuu yhteen hetken kanssa ja on t_{AB} ja t'_A välissä olevan välin keskellä t_A, mutta kelloja ei synkronoida.

Katso kuva 37.

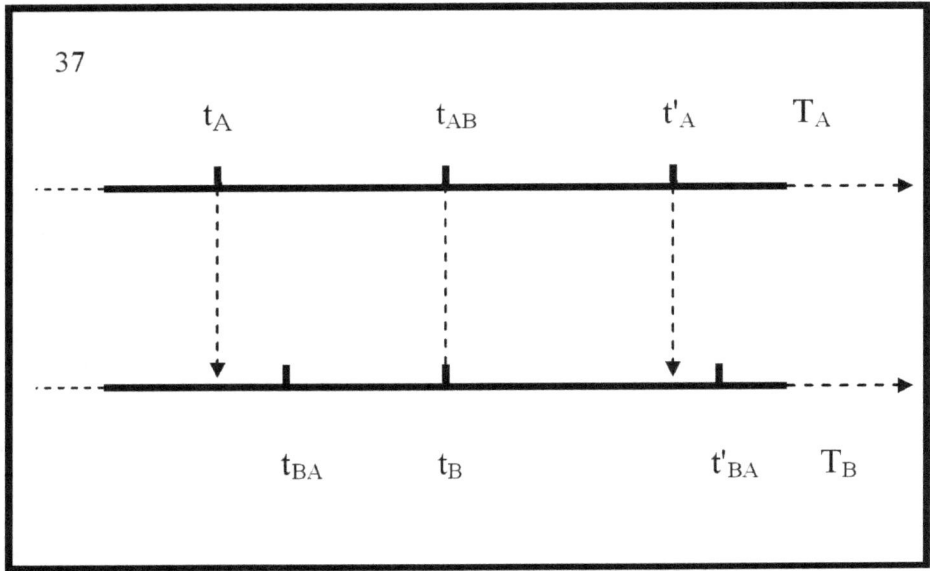

Kuvassa 37 näemme, että hetki t_A ei ole sama hetken kanssa t_{BA}, eikä hetki t'_A ole sama hetken kanssa t'_{BA}. Hetki t_B osuu yhteen hetken kanssa ja on t_{AB} ja t'_A välissä olevan välin keskellä t_A, mutta kelloja ei synkronoida.

Katsotaanpa nyt kuvaa 38:

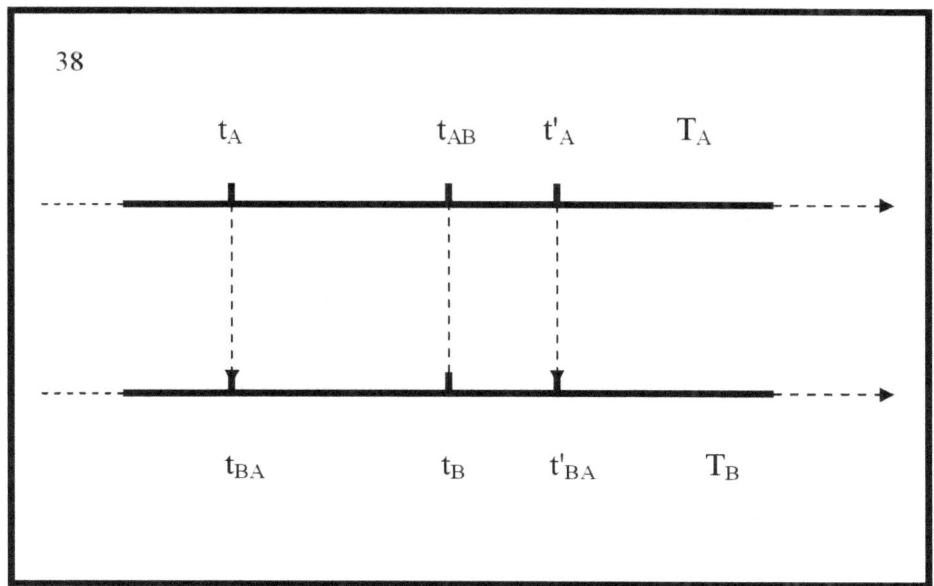

Kuvasta 38 näkyy, että hetki t_A on sama t_{BA} kuin ensimmäinen ehto täyttyy, hetki t_B samaan aikaan hetken kanssa t_{AB}, toinen ehto täyttyy, hetki t'_A osuu yhteen hetken kanssa t'_{BA}, kolmas ehto täyttyy.

Kellon kaikki kolme ajanhetkeä A osuvat yhteen kellon kolmen ajan hetken kanssa B, mikä tarkoittaa, että **kellot ovat synkronoituja**. Mutta näemme, että hetki t_B, joka osuu yhteen hetken kanssa t_{AB}, **ei ole** ja t'_A välissä olevan välin keskellä t_A.

Albert Einsteinin mukaan, jos hetke, ei ole t_B ja t'_A välissä olevan välin keskellä t_A, kelloja ei synkronoida. Se herättää kysymyksen, kuka on oikeassa? Me vai Albert Einstein? Tuomari itse.

Jotkut kirjoittamani lukijat saattavat vastustaa sitä, että nämä ovat hyvin yksityiskohtaisia analyyseja ja tarpeettoman monimutkaista päättelyä.

En hyväksy tällaista vastalausetta.

Olen eri mieltä, koska analysoimme suhteellisuusteorian periaatteita ja perustaa.

Suhteellisuusteoria tarkastelee valmiissa muodossaan

kaikkia fyysiseen aikaan liittyviä vaikutuksia. Suhteellisuusteoriassa aika on muuttuva suure. Ajan nopeus on erilainen ja riippuu painovoimasta ja nopeudesta, jolla eri fyysiset kappaleet liikkuvat suhteessa toisiinsa.

Esimerkiksi suhteellisuusteoriassa on musta aukko -ilmiö. Mustassa aukossa ajan nopeus on nolla, ja jokaisesta sekunnista tulee äärettömän pitkä aikaväli.

Siksi, kun synkronoidaan suhteellisuusteoriassa aikaa mittaavia kelloja, synkronointimenetelmien on oltava erittäin tarkkoja. Kaikki suoritetut ja synkronointiin tähtäävät toimet on analysoitava huolellisesti. Epäselvyydet ja epätarkkuudet eivät ole sallittuja.

4. RATKAISU ONGELMAAN

Erilaiset kriteerit ovat mahdollisia vähintään kahden kellon synkronisen toiminnan osoittamiseksi.
On tärkeää tietää ja aina muistaa, että:
Ensimmäinen :
Mahdollisten synkronisten liikkeiden todistamiskriteerien määrä on äärettömän suuri.
Katso "Aika. Avaruus. Liike. Levätä. Suhteellisuusteoria. Absolute" LAP LAMBERT Academic Publishing (30.8.2018)
Toinen :
Tarkat kriteerit määrittelee tutkija. Tietyn menetelmän valinta riippuu ratkaistavista tieteellisistä ja tutkimustehtävistä. Tavan (menetelmän) valinta on aina sopimus, joka on vähintään kahden tutkijan välinen sopimus.
Kolmas :
Synkronisuuskriteeri koskee vähintään kahden asian liiketilaa. Synkronisuusehtoa ei voida soveltaa lepotilaan.
Neljäs :
synkronisen toiminnan kriteeri on jotain muuta kuin kriteeri, joka koskee vähintään kahden kellon *samanaikaista ja tarkkaa ajanmittausta* .
Harkitsemme ja analysoimme klassisia kriteerejä vähintään kahden kellon synkronisen toiminnan tarkistamiseksi. Kuvioiden avulla näytämme kuinka liikkeet synkronoidaan.
Katso kuva 3 9.

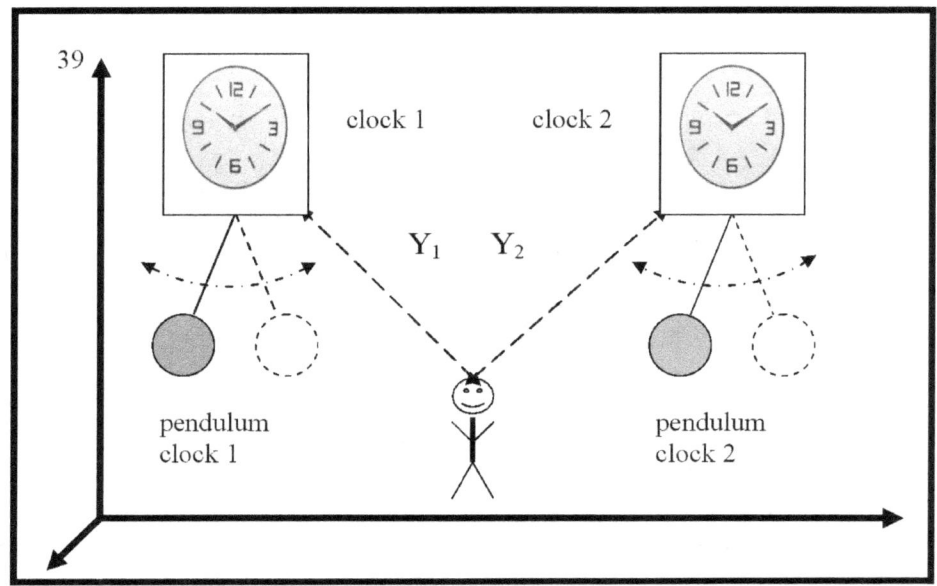

Kuvassa 3 9 näkyy kaksi mekaanista syklistä kelloa. Mekaaniset sykliset kellot ovat niitä, joissa on heiluri.
Katso "Aika. Avaruus. Liike. Levätä. Suhteellisuusteoria. Absolute" LAP LAMBERT Academic Publishing (30.8.2018)
Nähdään tarkkailija , joka on yhtä kaukana kelloista. Etäisyys Y_1 on yhtä suuri kuin etäisyys Y_2.

Tarkkailija sijoittuu kelloihin nähden tarkasti määritellyllä tavalla. Tapa, jolla tarkkailija sijoittuu, mahdollistaa sen, että tarkkailija näkee kellon heilurin yksi ja kellon heilurin kaksi.

Clock Pendulum One ja Clock Pendulum Two sijaitsevat äärivasemmalla.

Katkoviiva osoittaa äärioikean asennon, jossa heiluri heiluu kellon ykköshetkellä, ja äärioikealla asennon, jossa heiluri heiluu kello kaksi.

Äärimmäisessä oikeassa asennossa ja äärivasemmassa asennossa kellon heiluri yksi ja kellon heiluri kaksi ovat levossa.

Yleisessä tapauksessa kellot voivat olla eri tahdissa, jolloin kellon heiluri yksi ja kellon heiluri kaksi liikkuvat suhteessa havaintoon porrastetusti.

Katso kuva 40.

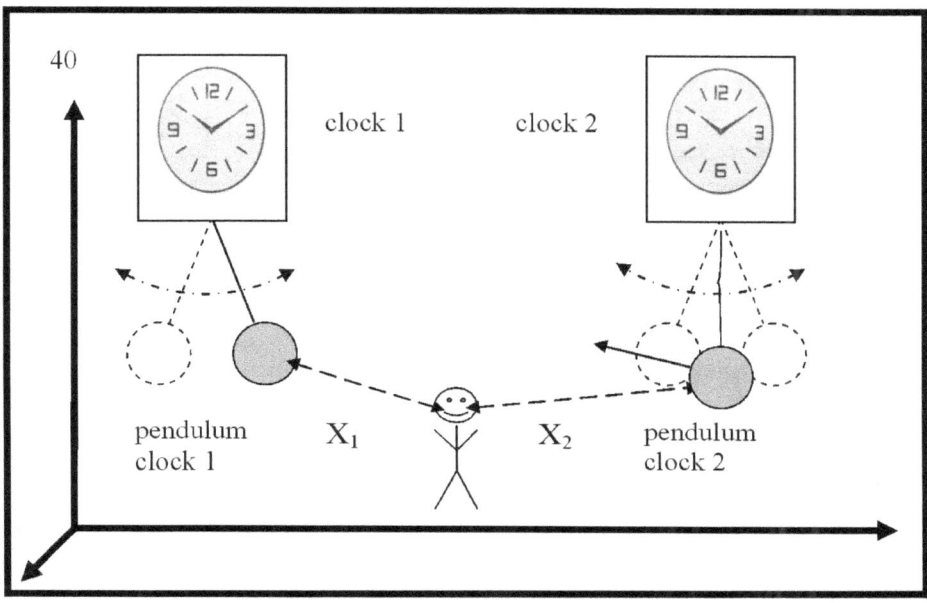

Kuvassa 40 näkyy, että kellon heiluri yksi on levossa suhteessa havainnointiin. Mutta kuvassa näkyy, että kellon kaksi heiluri jatkaa liikkumistaan ja lähestyy havainnoijaa. Etäisyys X_1 on pienempi kuin etäisyys X_2.

Tässä tapauksessa tarkkailijan on ryhdyttävä tarvittaviin toimiin saadakseen tapahtuman "heilurin 1 lepotila" ja tapahtuman "heilurin kakkostila" yhteensopivuuden. Tämä voidaan tehdä eri tavoin. Emme kuvaile toimenpiteitä, jotka on suoritettava vastaavien tapahtumien saamiseksi. Analysoimme menetelmää kahden kellon synkronisen toiminnan tarkistamiseksi.

Tarkastellaan kokeellista tapausta, jossa kellojen oletetaan olevan synkronoituja ja ne on tarkistettava.

Katso kuva 41

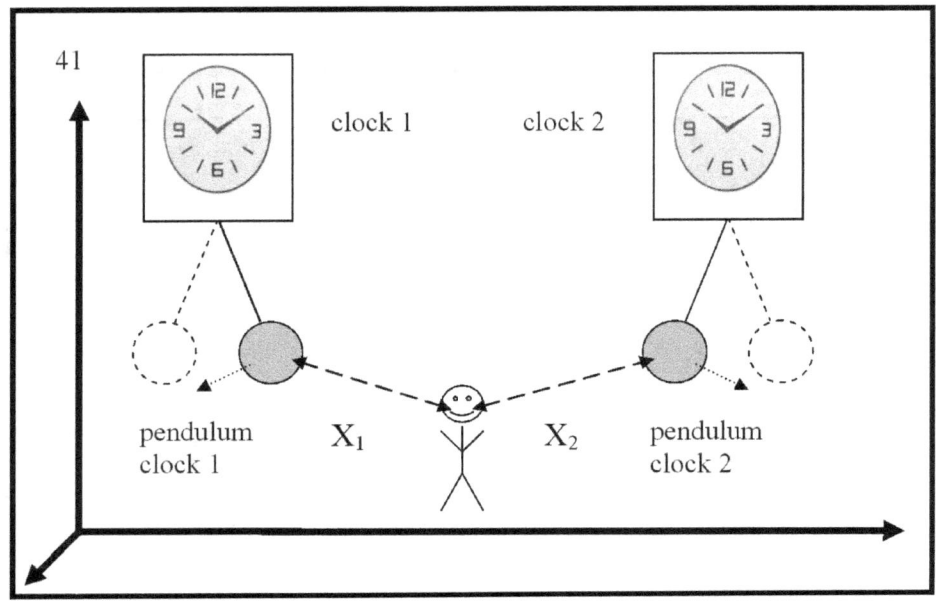

Kuvassa 41 on kellon heiluri yksi ja kellon heiluri kaksi liikkuvat vastakkaisiin suuntiin. Kun kellon yksi heiluri liikkuu vasemmalle, kellon 2 heiluri liikkuu oikealle. Tarkkailija tarkkailee kahden kellon heilurin liikettä. Tarkkailijan on määritettävä, että kahden heilurin liike on synkronista. Tarkkailijan on valittava kriteerit heilurin ykkösen ja heilurin kaksi synkroniselle liikkeelle. Tämä tehdään seuraavalla tavalla.

Havaitseja huomaa, että kun kellon heiluri yksi on lähimpänä havainnoijaa, kellon heiluri yksi on levossa suhteessa tarkkailijaan ja alkaa sitten liikkua vastakkaiseen suuntaan.

Kun kellon heiluri kaksi on lähimpänä havainnoijaa, kellon heiluri kaksi on levossa suhteessa tarkkailijaan ja alkaa sitten liikkua vastakkaiseen suuntaan. Yhden makuuhuoneen huoneiden tila ja kahden makuuhuoneen huoneiden tila ovat kaksi erilaista tapahtumaa. Tarkkailijalla on mahdollisuus tarkkailla ja varmistaa näiden kahden tapahtuman yhteensopivuus.

Kun näiden kahden tapahtuman yhteensopivuus tapahtuu, tarkkailija yhdistää nämä kaksi tapahtumaa uudeksi tapahtumaksi, jota kutsutaan "lepoheiluritapahtuman yhteensattumaksi *lepoheiluritapahtuman kaksi* kanssa ". Tapahtuma "lepoheilurin ykköstapahtuman yhteensattuma tapahtuman lepotilaheilurin kaksi kanssa " *on* välttämätön ehto, jotta tarkkailija voi todistaa, että heilurin yksi liike on synkroninen heilurin 2 liikkeen kanssa. Mutta se ei riitä. Riittävä ehto on, kun tapahtuma "lepoheilurin tapahtuman yhteensattuma *lepoheiluri kaksi* tapahtuman kanssa " tapahtuu vielä kerran. Tämä tulee tehdä seuraavalla heilurin ykkös- ja kakkoskierroksella.

Tarkkailija tietää, että kellon ykkösen ja kellon kaksi heilurin liikettä ei ole vielä synkronoitu, joten tarkkailija jatkaa tarkkaan heilurin ykkösen ja kakkosen liikkeen seuraamista. Tarkkailija odottaa, että seuraavassa heilurin ykkösen ja heilurin 2 liikkeen syklissä, toisen kerran, tapahtuu jälleen tapahtuma " *lepoheilurin* yhteensopivuus *lepoheilurin kaksi kanssa* " .

ja heilurin 2 liikkeen syklissä tapahtuma "lepoheilurin yhteensattuminen *lepoheilurin 2 kanssa*" tapahtuu vielä kerran (toisen kerran samalla tavalla) , niin tarkkailija voi päätellä, että heilurin yksi liike on synkroninen heilurin 2 liikkeen kanssa.

On tärkeää tietää ja muistaa, että tarkkailija voi tarkkailla tapahtumaa "lepoheilurin yhteensattuminen *lepoheilurin* kanssa *kaksi* " jos ja vain siksi (ja milloin) , hän sijaitsee **yhtä kaukana** kahdesta kellosta. Jos tämä ehto ei täyty, ottelua ei voida tarkkailla.

Synkronisille liikkeille esitetyt kriteerit ovat alkeellisia. Huomattavasti monimutkaisemmat kriteerit ovat mahdollisia. Valinta on tutkijan tehtävä.

Olemme kuvanneet yksityiskohtaisesti menetelmän, jolla voidaan määrittää kahden kellon synkroniset liikkeet ja synkroninen toiminta.

Käytössämme määritellyissä kriteereissä ajan käsitettä ei käytetä missään. Tämä tehdään aivan tarkoituksella. Synkroniset liikkeet (avaruuden halki liikkuvat) eivät tarvitse fyysisen ajan ajatusta todistettavaksi tai kumottavaksi.

Ajan ilmiö tarvitsee todistettuja synkronisia liikkeitä. Kun synkronisia liikkeitä demonstroidaan, on mahdollista analysoida

EVGENIBANTUTOV

fyysisen ajan ilmiötä.

5. ANALYYSI
02.02.2022.

Tämä keskustelu käytiin helmikuun toisena päivänä kaksituhattakaksikymmentäkaksi. Se on hauskaa.

Vuonna 1905 Einstein julkaisi artikkelin " Zur elektrodynamiikka liikkuja Kö rper ", Annalen der Physik, 1905 17, 891-921.
Artikkelin toisessa kappaleessa Einstein määrittelee kaksi erityissuhteellisuusteorian periaatetta seuraavasti:

Ensimmäinen periaate.

Lait, joiden mukaan fyysisten järjestelmien tilat muuttuvat, eivät riipu siitä, kumpaan kahdesta tasaisessa suoraviivaisessa liikkeessä toistensa suhteen näihin muutoksiin viitataan.

Toinen periaate.

Jokainen valonsäde liikkuu lepokoordinaatistossa tietyllä nopeudella V riippumatta siitä, lähteekö tämä säde lepotilasta vai liikkuvasta kappaleesta. Lisäksi $velocity = \dfrac{beam..path}{time..interval}$ "aikaväli" on ymmärrettävä kappaleen 1 määritelmän merkityksessä .

Huomaa: ($velocity = \dfrac{beam..path}{time..interval}$) = (nopeus = säteen reitti / aikaväli)

Mutta pahoittelen, että ensimmäisessä kappaleessa Einstein ei anna määritelmää " **aikavälille** ". Vielä pahempaa, kappaleessa

yksi o Einstein, ei kerran, käyttää termiä " **aikaväli** ". Ja kuitenkin Einstein vaati, **että aikaväli** tulisi ymmärtää kappaleen 1 merkityksessä.
Mitä lause tarkoittaa:

"... **on ymmärrettävä 1 kohdan määritelmän mukaisesti**".

Tämä ei voi olla määritelmä. Tämä tapa analysoida ei ole oikea. Tämä johtaa väärinkäsityksiin ja sarjaan virheitä. Tämä tarkoittaa, että kun eri tutkijat lukevat kappaleen 1, he saavat erilaisia käsityksiä **aikavälistä** . Kun he saavat erilaisia ideoita, he ajattelevat eri **tavalla aikavälistä** . Aivan oikein, sen ei pitäisi tapahtua. Ihmiset ovat erilaisia ja näkevät tiedon eri tavalla. Tämä on täysin normaalia ja tulee aina olemaan. Tästä syystä jokaisen yksittäisen tutkijan tulee tarjota mahdollisimman selkeät, täsmälliset ja mahdollisimman lyhyet määritelmät.
Sitten lukija lukee määritelmän, ja hänen mielessään syntyy selkeä käsitys määritellystä ilmiöstä. Kun kahden tutkijan esitykset ovat selkeitä, nämä kaksi esitystä voivat olla identtisiä. Tämä on jokaisen tieteessä luodun määritelmän tarkoitus.
Einstein ei saavuttanut tätä tavoitetta. Minusta tuntuu, että hän ei jostain syystä asettanut itselleen sellaista tehtävää, ja ikäänkuin hän ei tietoisesti tarjonnut määritelmää "aikavälin" käsitteelle. Jotkut lukijat saattavat väittää, että tämä ei ole niin tärkeää, eikä sillä ole väliä erityiselle suhteellisuusteorialle. Vastaan näin: Olen kategorisesti eri mieltä. **Aikaväli** on perustavanlaatuinen ja tärkeä käsite erityisessä suhteellisuusteoriassa, ehkä tärkeämpi näistä kahdesta periaatteesta. **Aikavälillä** on keskeinen rooli erityissuhteellisuusteorian matemaattisen laitteen luomisessa. Matemaattiset lausekkeet ovat alkeellisia, ja on helppo nähdä, että kun suhteellisuusteoria luodaan, " **ajanvälistä** " tulee **fyysinen aika Lorentzin** kaavan avulla. Einstein oli ensimmäinen, joka ehdotti määritelmää fyysisen ajan käsitteelle. Mielestäni tämä on hänen tärkein panoksensa tieteeseen. Fyysinen aika on perustavanlaatuinen (perus, tärkeä) käsite erityisessä suhteellisuusteoriassa, yleisessä suhteellisuusteoriassa ja

fysiikan tieteessä. Kukaan muu ennen Einsteinia ei ollut olettanut FYSIKAALISEN AJAN ilmiön olemassaoloa.
Einstein ilmaisi tämän hypoteesin vuonna 1910 artikkelissa " Le principe de relativite ses effects dans physique moderne " . Tässä artikkelissa Einstein käytti aikavälejä ja loi niiden kautta hypoteesin FYSIKAALISTA AJASTA.
Siksi määriteltäessä termiä "aikaväli" määritelmän on oltava täysin selkeä, täysin tarkka, täysin tarkka. Kun selkeys, tarkkuus ja tarkkuus puuttuvat, se tarkoittaa, että piilotettuja hypoteeseja ja yksityiskohtaisia aksiomaattisia totuuksia tai puolimääritelmiä voi olla. Silloin ilmestyvät tieteen suurimmat virheet ja harhakuvitelmat.

Määritetyssä kaavassa $t_B - t_A = t'_A - t_B$ aikaväli on määritelty vain ja vain kellolle A. Annetussa kaavassa ei ole kellon aikaväliä B. Kellon aikaväliä A käytetään piilotetussa muodossa ja kellon aikaväliä B. Juuri tätä kutsutaan piilotetuksi hypoteesiksi. Artikkelin ensimmäisessä osassa yritän näyttää, mitkä ovat tämän piilotetun hypoteesin seuraukset. Einsteinin mukaan kellot ovat synkronoituja, mutta tekemämme analyysin perusteella on hyvin selvää, että kellot eivät välttämättä ole synkronoituja. Tämä on klassinen esimerkki siitä, kuinka yksi epätarkkuus johtaa koko hypoteesin epävarmuuteen. Tämä epämääräisyys muuttuu virheellisyydeksi ja sillä on vakavia seurauksia erityissuhteellisuusteorialle, yleiselle suhteellisuusteorialle ja fysiikan tieteelle.
Monet eri tutkijat ovat analysoineet erityistä suhteellisuusteoriaa ja osoittaneet henkilökohtaisen suhtautumisensa Einsteinin hypoteesiin. Toinen osa on kannattajia, toinen osa vastustajia. Molemmat ovat yhtä mieltä siitä, että nämä kaksi periaatetta ovat tärkeimmät ja muodostavat perustan erityiselle suhteellisuusteorialle. Mutta molemmat tekevät hyvin usein saman virheen, nimittäin, he eivät lainaa koko toista periaatetta. He eivät huomaa, että periaatteen viimeinen virke on osa itse periaatetta ja edustaa **aikaväliä** . Jos he lainaavat häntä, he eivät kiinnitä huomiota siihen, mitä sanottiin, eivätkä analysoi sitä .

Jälleen kerran toinen periaate:

Jokainen valonsäde liikkuu lepokoordinaatistossa tietyllä nopeudella V **riippumatta siitä, lähteekö tämä säde lepotilasta vai liikkuvasta kappaleesta.** Lisäksi

$$velocity = \frac{beam..path}{time..interval}$$

"aikaväli" olisi ymmärrettävä kohdan 1 määritelmän merkityksessä.

Toisen periaatteen (punaisen) viimeisessä virkkeessä Einstein käytti ensin termiä " **aikaväli** " ja väitti heti sen jälkeen, että " **aikaväli** " määriteltiin kappaleessa 1. Olen lukenut ensimmäisen kohdan erittäin huolellisesti ja toistuvasti. Halusin löytää määritelmän "aikavälille". Valitettavasti en löytänyt sellaista määritelmää. Jos joku lukija onnistuu, ota yhteyttä. Tulen olemaan kiitollinen.

En voi hyväksyä tällaista määritelmää, jota tällä tavalla ehdotetaan. **Aikavälin o** käsite tarvitsee määritelmän, joka on suhteellisuusteorian kannalta periaatteellinen. Suhteellisuusteoriassa " **aikaväli** " on jokin tietty mitattu, AJAN MÄÄRÄ, LAATU FYSIKAALINEN AIKA. Tässä LAATU FYYSINEN AIKA on suhteellinen. Ilmiö " **aikaväli** " on läsnä KAIKKI YHDESSÄ ÄPÄÄTÖSTÄ TODELLISUUDESTA. Se on läsnä absoluuttisesti samanaikaisesti ja liittyy filosofiseen kategoriaan AIKA ja objektiivisesti olemassa olevaan ilmiöön TIME.

****

Aikaväli on määritelty vain yhdelle kellolle, ja tämän intervallin on oltava yhtä suuri kuin toisen kellon aikaväli. Tässä herää kysymys, mitä kahden aikavälin yhtäläisyys tarkoittaa. Kahden ajankohdan yhteensopivuus on aina todistettava . Ensimmäisen intervallin alkamisajan on vastattava toisen intervallin alkamisaikaa ja ensimmäisen intervallin päättymisajan on vastattava toisen intervallin päättymisaikaa. Tätä kutsutaan tapahtumien yhteensattumaksi ajassa, mikä on täydellinen ajatus Einsteinista. Kun sattuma on todistettu, voidaan todeta, että nämä kaksi väliä ovat yhtä suuret. Tämä on tuomio, ja ihmisen päähän syntyy ajatus kahden aikavälin yhtäläisyydestä. On aina muistettava, että idea jostain on erilainen kuin itse asia. Ajan käsite on erilainen kuin aikailmiö. Sanon tämän, koska olen vakaasti vakuuttunut siitä, että **fyysisen ajan ilmiön käsite** on täysin erilainen kuin **filosofisen ajan** ilmiön käsite. Filosofinen **aikakategoria** merkitsee todellisuusilmiötä, joka poikkeaa olennaisesti Einsteinin fyysisestä ajasta. Fysiikan nykyaikainen kehitys osoittaa, että tätä tosiasiaa ei oteta huomioon.

****

Ajan mittaus tehdään " **aikavälillä** " ja sitä käytetään etäisyyden mittaamiseen. Etäisyyttä mitattaessa käytetään standardia. Jokaisella (etäisyyden) vertailuarvolla on kaksi päätepistettä. Kupongin kaksi päätepistettä ovat yhteneväisiä YKSI ÄÄPETTÖMÄN TEHOKKUUDEN kahden pisteen kanssa.
Pisteiden yhteensattuma avaruudessa on ehdoton. Yhden suoran kahden pisteen yhteensopivuus toisen suoran kahden pisteen kanssa on aina ehdottoman samanaikainen. Se on **tapahtumien esiintymistä ajassa** . Näiden pisteiden yhteensopivuus ei vaadi hypoteesia suhteellisesta ajasta. Kun standardi ei liiku, pisteiden tässä ja nyt yhteensattuvuuden on oltava ehdottoman samanaikainen pisteiden siellä ja nyt sattuman kanssa.
Todellinen väite on:
Silloin, **tässä ja nyt** , meillä on sattuma kanssa, **siellä ja nyt** .
Siellä ja nyt on kellon mukaan, **tässä ja nyt** . Kun etäisyydet ovat yleensä äärettömän suuria tai äärettömän pieniä, **aikavälin määrittäminen** on vaikea tehtävä. Ja jos tarkkaa määritelmää ei ole, **aikavälistä** tulee utopia.

6 ANALYYSI 22022022

Tämä analyysi suoritettiin helmikuun 22., kaksituhatta, kaksikymmentäkaksi. Toinen hauska sattuma.

Analyysissaan Einstein käytti käsitteitä aika, tila, aikaväli, ajan hetki, synkronointikriteerit, kello ja ajan mittaus. Einstein käytti käsitteitä sillä ajatuksella, että käsitteet ovat äärimmäisen selkeitä, ymmärrettäviä eivätkä tarvitse selitystä. Mutta näin ei ole. Luetellut käsitteet tarkoittavat tiettyjä fyysisiä ilmiöitä. Fysikaaliset **ilmiöt** ovat objektiivisesti olemassa. Objektiivisesti olemassa oleva tarkoittaa, että ilmiöt ovat tietoisuudesta (ihmisajattelusta) riippumattomia ja että ne ovat ihmistietoisuuden ulkopuolella eivätkä ole ihmistietoisuuden tuotetta. Fysikaalisilla ilmiöillä on tietty olemus. Minkä tahansa tietyn ilmiön ydin on joukko yksittäisiä osia. Jokaisella osalla on tietty ominaisuus. Jokainen ominaisuus on liikkeen tai levon muoto.

Yksittäisten osien summa kuuluu kokonaisuuteen . Tietoisuus heijastaa ilmiötä ja sen olemusta. Ajatteleminen on korkeampi reflektoinnin muoto (hae Internetistä "Reflection Theory" akateemikko Todor Pavlov). Ajatteluprosessi kattaa jonkin osan osien ominaisuuksien, ilmiön olemuksen, mahdollisten yhteyksien loputtomasta joukosta. Nämä ovat mahdollisia liikuntamuotojen ja lepomuotojen välisiä suhteita. Tietyn subjektin ajattelu korkeampana heijastuksen muotona on yksittäistä, singulaarista, mikä tarkoittaa, että se on absoluuttista. Tämä tarkoittaa, että YHDESSÄ ÄPÄMÄTTÖMÄSSÄ TODELLISUUDEssa ei ole kahta olentoa, jotka ajattelevat samalla tavalla. Jokainen erityinen entiteetti on yksittäinen, absoluuttinen ja heijastaa YHTÄ ÄÄRETTÄ TODELLISUUDESTA omalla, subjektiivisesti ainutlaatuisella tavallaan. Pohdinnan tuloksena subjektin mieleen ilmaantuu ajatuksia **käsitteen muodosta ja sisällöstä**, jolla olemassa oleva ilmiö objektiivisesti osoitetaan. Aiheet analysoivat ja kommunikoivat konkreettisten käsitteiden kautta. Eri oppiaineiden käyttämän konkreettisen käsitteen muoto on sama (se on sama sana), mutta eri oppiaineiden käyttämän konkreettisen käsitteen sisältö on erilainen. Ihmistiede on tulosta kollektiivisten subjektiivisten analyysien tekemisestä ja konkreettisten johtopäätösten muodostamisesta tiettyjen käsitteiden avulla. Subjektit julistavat konkreettiset johtopäätökset ja konkreettiset käsitteet subjektiivisiksi totuuksiksi (hypoteesi), ja tämä on sopimus, subjektiivisen totuuden sopimus, joka on hypoteesi. Hypoteesissa on samat käsitteet eri sisällöllä. Erisisältöisten käsitteiden läsnäolo tarkoittaa, että on olemassa aksiomaattisia piilotettuja hypoteeseja.

Yksi ihmistieteen tärkeimmistä tehtävistä on piilotettujen, implisiittisten, aksiomaattisten, subjektiivisten totuuksien määrittäminen ja poistaminen.

Nykyaikainen fysiikka on täynnä mielivaltaisia hypoteeseja, jotka ovat piilossa kaikessa ihmistieteessä. Tämä on merkittävä puute, joka voidaan korjata käyttämällä asianmukaisia tieteellisiä menetelmiä. Tiedon teoria (epistemologia) ohjaa meidät filosofian tieteeseen, joka on metodologiaa suhteessa yksityisiin tieteisiin. Käytän tätä tosiasiaa sopivan määritelmäympäristön luomiseen. Määritelmäympäristö on summa tärkeiden fyysisten käsitteiden määritelmistä ja määritelmien käyttöä koskevista säännöistä.

7. MÄÄRITELMÄYMPÄRISTÖ

Määritelmä yksi.
Filosofinen **kategoria** AIKA kuvaa AIKA- **ilmiötä**.

Määritelmä kaksi.
AJAN **ilmiö on olemassa tietoisuudesta** riippumatta.

Määritelmä kolme.
AIKA - **ilmiö on** YHDEN ÄPÄTÖN TODELLISUUDEN ominaisuus.

Määritelmä neljä.
"Aikaväli" on **AIKA**.

Määritelmä viisi.
Tietty **määrä** TIME kuuluu **yhteen laatuun** TIME

Määritelmä kuusi.
Laadun määrittäminen TIME on sopimus.

Määritelmä seitsemän.
Jokainen tapahtuma on **ilmiö**, jolla on **olemus**

Määritelmäympäristö on välttämätön ilmiön TIME analysointiin.
Määritelmäympäristöä saa muuttaa tai se on täysin erilainen, mikä on uusi sopimus.
Mutta sen on oltava läsnä jokaisen analyysin alussa. Jos ei, analyysi on mahdotonta.

8. SELITYKSET MÄÄRITELMÄYMPÄRISTÖÖN.

Määritelmään yksi.
Filosofinen **kategoria** AIKA kuvaa AIKA- **ilmiötä**.

Selitys:
Filosofian tieteessä on tärkeitä peruskäsitteitä, joita kutsutaan **kategorioiksi**. AJAN käsite on filosofinen *luokka*. **Ilmiön** käsite on filosofinen kategoria, joka kuuluu dialektiseen logiikkaan. Dialektinen logiikka on osa filosofista tietoa, joka määrittelee absoluuttisen Hengen kehityksen (katso Hegel "Hengen fenomenologia")

Määritelmään kaksi.
AJAN **ilmiö on olemassa tietoisuudesta** riippumatta.

Selitys:
Kun ja jos **tietoisuus** katoaa, AIKA jatkaa **olemassaoloaan**. **Tietoisuuden** ja **olemassaolon** käsitteet ovat heijastusteoriassa määriteltyjä filosofisia kategorioita. Heijastusteoria on osa filosofista tietämystä, joka käsittelee REFLEKTIOON tutkimusta YKSI ÄLTÖMÄTTÖMÄN AKTUUDEN **pääominaisuutena**. REFLEKTION ominaisuus on syy ABSOLUUTIN HENGEN ja AINEEN KEHITTYMISEEN. Tiedefilosofiassa **esineen** pääominaisuus ilmaistaan **kategoriaattribuutilla**. Kun ja jos esineestä poistetaan ominaisuus, **asia lakkaa** olemasta.
Filosofinen luokka **on olemassa, se** kuuluu heijastusteoriaan

(katso Internet, akateemikko Todor Pavlov "Reflection Theory").
Vingin olemassaolo on AVARUUSSA ja AJAssa.
Käsitteet TILA, AINE, ABSOLUUTTI HENKI ovat filosofian luokkia.
Kategorialla YKSI INFINITE ACTUALITY tarkoittaa ääretöntä määrää **esineitä** ja **kohteita** (katso " Aika . Avaruus . Liike . Lepo . Suhteellisuusteoria . Absoluuttinen " Lambert publishinghouse 2018 "). **Objektin** ja **subjektin** käsitteet ovat filosofisia luokkia, joita analysoidaan, määritellään ja jotka kuuluvat heijastusteoriaan.
Kategoriat **jotain** ja **ei mitään** kuuluvat dialektiseen järjestelmään.

Määritelmään kolme.
AIKA - **ilmiö on** YHDEN ÄPÄTÖN TODELLISUUDEN ominaisuus .

Selitys:
Filosofinen kategoria **-attribuutti** tarkoittaa peruuttamatonta ominaisuutta. Jokaisella **ilmiöllä** on peruuttamaton ominaisuus. Olen jo sanonut, että kun **ilmiöltä** otetaan pois peruuttamaton ominaisuus , **ilmiö** lakkaa **olemasta** . Kun TIME-attribuutti otetaan pois YKSI ÄPÄÄTÖSTÄ TODELLISUUDESTA, AINOA ÄÄPETTÖMÄTTÖMÄT TODELLISUUS lakkaa olemasta.

Neljänteen määritelmään.
"Aikaväli" on **AIKA** .

Selitys:
"Aikaväli" mitataan TIME-mittauslaitteella. TIME-mittalaite mittaa jonkin **verran** aikaa. AJAN mittauslaitetta kutsutaan kelloksi. **Mahdollisten** kellojen **määrä YHDESSÄ ÄPÄÄTÖSTÄ TODELLISUUDESTA** on äärettömän suuri.

Viiteen määritelmään.
Tietty **määrä** TIME kuuluu **yhteen laatuun** TIME

Selitys:
Tyyppi TIME on **laadullisesti** määritelty TIME.

Esimerkiksi suhteellinen AIKA on **laatu** - AIKA, absoluuttinen AIKA on toinen **laatu** -AIKA, Einsteinin fyysinen AIKA on **laatu** - AIKA, looginen AIKA on **laatua**. Lisää saa listata...

Määritelmään kuusi.
Laadun määrittäminen TIME on sopimus.

Selitykset:

Vuonna 1898 Poincaré julkaisi artikkelin. (" Aika mittaus.") «Revue de Metaphysique et de Morale» (1898, t. VI, s. 1-13).

Tämä on upea analyysi ongelmista, joita syntyy määritettäessä ajan mittaamistapoja. Analyysiprosessissa Poincaré tutkii erilaisia sääntöjä, joita voidaan käyttää, ja tekee kaksi olennaista johtopäätöstä:

"Tässä keskustelussa haluan kiinnittää huomion kahteen seikkaan.
1. Sovellettavat säännöt ovat melko erilaisia.
2. Samanaikaisuuden kvalitatiivista ongelmaa on vaikea erottaa ajan mittaamisen kvantitatiivisesta ongelmasta.

Kaukana vuonna 1898 se mitä Poincarén sanoi, on todellinen profetia siitä, mitä tapahtuu nyt, vuonna 2022. Poincaré näyttää ongelmat, joita syntyy tutkittaessa AIKA-ilmiötä. Nämä ovat ongelmia, jotka pysäyttävät fysiikan ja kaiken modernin tieteen kehityksen.

Ja kun Poincaré vielä kerran tarkastelee aikavälejä, hän sanoo:

"Meidän on tehtävä seuraava johtopäätös. Emme voi suoraan määrittää intuitiolla kahden aikavälin samanaikaisuutta tai yhtäläisyyttä. Jos uskomme, että meillä on tällainen intuitio, olemme harhaanjohtavia. Korvaamme sen joillakin säännöillä, joita käytämme lähes aina huomaamattamme."

Poincaré sanoi tämän vuonna 1898! Tämä tapahtui kahdeksan vuotta ennen vuotta 1905, jolloin Einstein julkaisi ensimmäisen suhteellisuusteoriaa käsittelevän artikkelinsa (" Zur

" elektrodynamiikka liikkuja K ö rper "). Tässä artikkelissa Einstein alkoi ajatella aikaväliä ja yritti luoda määritelmän aikavälille. Mutta Einstein ei onnistunut. Henkilökohtainen mielipiteeni on, että Poincaré tiesi paljon enemmän kuin Einstein. Poincaré tiesi hyvin ongelmat, jotka oli ratkaistava analysoidessaan AIKA-ilmiötä. Juuri tämä tieto esti Poincarét luomasta suhteellisuusteoriaa samalla tavalla kuin Einstein loi teorian. Einsteinilla oli intuitiivinen käsitys AIKA-ilmiöstä.

Ja juuri tästä syystä intuitiivinen ajantuntemus on Poincarén mukaan korvattava ajan mittaamissäännöillä. Kun ajanmittaussäännöt tulevat näkyviin, TIME - **laatusopimus tulee näkyviin.**

Säännöt ovat määritelmiä, sopimus on määritelmäalue. Määritelmäalue määrittää laadun TIME. Sopimuksessa esitettyjen sääntöjen on täytettävä tietyt vaatimukset.

Tässä Poincarén sanat:

"Mikä on näiden sääntöjen ydin?
Yleistä sääntöä ei ole. Jokaisessa yksittäistapauksessa käytetään monia yksityisiä sääntöjä. Näitä sääntöjä ei pakoteta meille, ja voimme keksiä muita. Mutta niitä ei voida muuttaa, kun ne vaikeuttavat fysikaalisten lakien, mekaniikan ja tähtitieteen lakien muotoilua. Siksi emme valitse näitä sääntöjä siksi, että ne ovat totta, vaan siksi, että ne ovat kätevimmät, ja voimme tiivistää seuraavasti:

Kahden tapahtuman samanaikaisuus tai niiden peräkkäisyysjärjestys on määritettävä kahden keston yhtäläisyydellä, jotta luonnonlakien muotoilu on mahdollisimman yksinkertaista. Toisin sanoen kaikki nämä säännöt, kaikki nämä määritelmät ovat vain tiedostamattomien sopimusten hedelmiä .

Yli sata vuotta sitten Poincaré loi ohjelman AIKA-ilmiöön liittyvien hypoteesien kehittämiseksi tulevaisuudessa. Tämä ohjelma on käytettävä nyt. Olen samaa mieltä Poincarén analyysin kanssa ja jaan hänen ajatuksensa AJAN ilmiötä tutkivan tieteen kehityksestä. Poincarén analyysit sisältävät valtavan heuristisen varauksen. Nämä ovat ohjaavia ajatuksia, joita meidän, jotka analysoimme AIKA-ilmiötä, on noudatettava.

Määritelmään seitsemän.
Jokainen tapahtuma on **ilmiö**, jolla on **olemus**.

Selitys:
Artikkelissa " Zur elektrodynamiikka liikkuja K ö rper " kirjoitettu vuonna 1905, Albert Einstein otti käyttöön termin "tapahtumien yhteensattuma" ja ehdotti, että sitä käytetään määrittämään tapahtumien samanaikaisuutta. Tässä lukee:

"Jos kello sijaitsee avaruuden pisteessä A , niin pisteessä A oleva tarkkailija voi määrittää A :n välittömässä läheisyydessä tapahtuvien tapahtumien ajan kysymällä kellon samanaikaisten osoittimien asemien yhteensopivuutta. näiden tapahtumien kanssa."

Tekstistä käy ilmi, että Einstein yrittää **määrittää kellon A:n lähellä olevien tapahtumien ajan** kellonosoittimien paikoilla. Einsteinin tekemä tuomio on varsin intuitiivinen, epäselvä ja vaatii lisäanalyysiä.
Einstein puhui lukuisista tapahtumista, jotka tapahtuvat kellon läheisyydessä. Jokainen näistä tapahtumista osuu yhteen kellon osoittimien sijainnin kanssa. Einstein ei huomannut, että tässä tapauksessa "kellon osoittimien sijainti" edustaa tapahtuvaa tapahtumaa. Mutta sitten nämä ovat kaksi tapahtumaa, kahdesta toisistaan riippumattomasta tapahtumasta, jotka osuvat yhteen. Tämä antaa Einsteinille syyn kutsua niitä samanaikaisesti. Sitten vähintään kahden tapahtuman yhteensattuma, joista toinen **on yksittäisen** kellon osoittimien sijainti, määrittää ainakin yhden ajanhetken. Tämä on erittäin hyvä Einsteinin idea, jota tulemme käyttämään koko ajan. Ja sitten tapahtumat **ilmestyvät** (ilmiö ilmestyy), jonka **olemus** on sattuma. 'Cello position' -tapahtumalla on numeerinen arvo. Numeerinen arvo näkyy kellossa, ja se on liitetty "kellon osoittimien sijainti" - tapahtumaan. Näillä kahdella tapahtumalla, jotka ovat kaksi

ilmiötä, on sama **olemus**, jota kutsutaan sattumaksi.

Ja sitten sattumalla on sama tietty numeerinen arvo, ja sitä kutsutaan **ajanhetkeksi**.

Se on yleensä merkitty T_n tai t_n, missä, $n = 0,1,2,3,....\infty$

Ajanhetki on aina joko jonkin ajanjakson alku tai loppu. Joko konkreettisen **aikavälin** alku tai loppu annetaan tuntemattomaksi, **jolloin** joko loppua tai alkua ei tutkija kommentoi.

9. JOHTOPÄÄTÖS

Voidaan sanoa, että kirjoittamani ei ole niin tärkeää, ja Special Relativity on oikein.
Väitän hyvin lyhyesti:
Erikoissuhteellisuusteoria on fysikaalisen ajan teoria. Fyysisen ajan määritteli Einstein. Fyysinen aika on suhteellista. Einsteinin menetelmä käyttää yksinkertaista matemaattista lauseketta:

$$t_B - t_A = t'_A - t_B$$

Tämän ilmaisun avulla Einstein määritteli " *aikavälin* " käsitteen. Erikoissuhteellisuusteoriassa " *aikaväli* " muuttuu " *fyysiseksi ajaksi* ". Jos on epäilystä siitä, **että aikaväli** on väärä, se tarkoittaa, että fyysinen aika on väärä ja erikoissuhteellisuusteoria on väärä.

www.ingramcontent.com/pod-product-compliance
Lightning Source LLC
Chambersburg PA
CBHW071146240526
45465CB00024BA/1791